Philosophische Propädeutik

auf naturwissenschaftlicher Grundlage

für höhere Lehranstalten

und

zum Selbstunterricht.

Von

August Schulte-Tigges,
Oberlehrer am Realgymnasium zu Barmen.

Zweiter Teil:
Die mechanische Weltanschauung und die Grenzen des Erkennens.

Berlin.
Verlag von Georg Reimer.
1900.

„Zwei Dinge erfüllen das Gemüt mit immer neuer und zunehmender Bewunderung und Ehrfurcht, je öfter und anhaltender sich das Nachdenken damit beschäftigt: Der bestirnte Himmel über mir und das moralische Gesetz in mir."

Kant, Kritik der praktischen Vernunft.

Einleitung.

1. Nachdem wir die Methoden, mittels derer im besonderen die Naturwissenschaft, wie jede andere Wissenschaft, neue Erkenntnisse erwirbt und die gewonnenen in Ordnung und Zusammenhang bringt, näher untersucht haben, legen wir uns nunmehr die Frage vor: Welche Weltanschauung kann dem Boden der Naturwissenschaft entspriessen? Die Beantwortung dieser Frage ist wesentlich von der Art und Weise abhängig, wie man sich das Ziel der Naturwissenschaft vorstellt.

Die fast übereinstimmende Meinung der Naturforscher geht nun dahin, das Ziel der Naturwissenschaft sei, alle Naturerscheinungen auf Bewegungen zurückzuführen, die sich ihrerseits nach mechanischen Gesetzen vollziehen. Als solche Bewegungen werden angenommen: die Bewegung ganzer zusammenhängender Massen, die innere Bewegung der Materie, ermöglicht durch die Annahme, der Körper bestehe aus räumlich getrennten Teilchen, den Molekülen und Atomen, und die Bewegung des Äthers.

In seinem berühmten Vortrag „Über die Grenzen des Naturerkennens“ äussert sich Du Bois-Reymond hinsichtlich der Naturerkenntnis, wie folgt: „Naturerkennen — genauer gesagt naturwissenschaftliches Erkennen oder Erkennen der Körperwelt mit Hülfe und im Sinne der theoretischen Naturwissenschaft — ist Zurückführen der Veränderungen in der Körperwelt auf Bewegungen von Atomen, die durch deren von der Zeit unabhängige Centralkräfte bewirkt werden, oder Auflösen der Naturvorgänge in Mechanik der Atome. Es ist psychologische Thatsache, dass, wo solche Auflösung gelingt, unser Kausalitätsbedürfnis vorläufig sich befriedigt fühlt. Die Sätze der Mechanik sind mathematisch darstellbar und tragen in sich dieselbe apodiktische Gewissheit, wie die Sätze der Mathematik. Indem die Veränderungen in der Körperwelt auf eine konstante Summe von Spannkräften und lebendigen Kräften, oder von potentieller und kinetischer Energie zurückgeführt werden, welche einer konstanten Menge von Materie anhaftet, bleibt in diesen Veränderungen selber nichts zu erklären übrig." . . . „Denken wir uns alle Veränderungen in der Körperwelt in Bewegungen von Atomen aufgelöst, die durch deren konstante Centralkräfte bewirkt werden, so wäre das Weltall naturwissenschaftlich erkannt."

Auch Helmholtz betrachtet die Mechanik als die Grundlage jeglicher Naturerklärung, wenn er sagt (Über das Ziel und die Fortschritte der Naturwissenschaft, 1869): „Unsere Forderung, die Naturerscheinungen zu begreifen, das heisst ihre Gesetze zu finden, nimmt so eine andere Form des Ausdrucks an, die nämlich, dass wir die Kräfte aufzusuchen haben, welche die Ursachen der Erscheinungen sind. Die Gesetzlichkeit der Natur wird als kausaler Zusammenhang aufgefasst, sobald wir die Unabhängigkeit derselben von unserem Denken und unserem Willen anerkennen. Wenn wir also nach dem Fortschritt der Naturwissenschaft als Ganzem fragen, so werden wir ihn nach dem Masse zu beurteilen haben, in welchem die Anerkennung und die Kenntnis eines alle Naturerscheinungen umfassenden ursächlichen Zusammenhangs fortgeschritten ist." . . . „Ist aber Bewegung die Urveränderung, welche allen anderen Veränderungen in der Welt zu Grunde liegt, so sind alle elementaren Kräfte Bewegungskräfte, und das Endziel der Naturwissenschaft ist, die allen anderen Veränderungen zu Grunde liegenden Bewegungen und deren Triebkräfte zu finden, also sich in Mechanik aufzulösen."

Ähnlich äussert sich Kirchhoff (Über das Ziel der Naturwissenschaft, 1865): Das höchste Ziel, welches die Naturwissenschaften zu erstreben haben, aber niemals vollständig erreichen werden, sei die Ermittelung der Kräfte, welche in der Natur vorhanden sind, und des Zustandes, in dem die Materie in einem Augenblick sich befindet, mit einem Wort, die Zurückführung aller Naturerscheinungen auf Mechanik.

2. Nun ist freilich mit Recht betont worden (Preyer, Naturwissenschaftliche Thatsachen und Probleme), wenn man

auch die Zurückführung aller Naturvorgänge auf Mechanik als Ziel der Naturforschung festhalte, so sei damit noch nicht gesagt, dass gerade die heutige Mechanik im stande sei, diese Aufgabe zu lösen, und dass erst recht die Atomistik die unentbehrliche Grundlage dieser mechanischen Erklärung sein müsse, ja mit einer befriedigenden Deutung der Naturerscheinungen sei doch erst das nächste, nicht das Endziel der Naturwissenschaft erreicht. Indessen bleibt uns mangels einer besseren Theorie nichts anders übrig, als die nun einmal zu Recht bestehende atomistisch-mechanische Naturauffassung einer näheren Darlegung und Beleuchtung zu unterwerfen, besonders darauf hin, ob sie in der That im stande ist, uns jenes vollkommene Bild des Weltganzen zu verschaffen, das wir als letztes Ziel unserer Erkenntnis im ersten Teil aufgestellt haben.

3. Unsere Frage soll also lauten: Erfüllt die heutige atomistisch-mechanische Weltauffassung die an sie zu stellenden Anforderungen in vollem Masse? Und im Falle der Verneinung: Giebt es etwa gewisse Punkte, die auch bei der denkbar weitgehendsten Ausgestaltung jener Weltanschauung notwendig unaufgeklärt bleiben werden?

Es mag schon vorweg bemerkt werden, dass die erste Frage wohl allgemein verneint wird. Bezüglich der zweiten aber stehen sich zwei Ansichten schroff gegenüber. Nach der einen wird es niemals möglich sein, die in unserem Bewusstsein sich abspielenden Vorgänge als Bewegungen von Atomen und Molekülen zu deuten, während die andere Richtung auch die psychischen Erscheinungen auf molekulare Bewegung zurückführt, indem sie behauptet, dass es ausser der Bewegung jener Teilchen überhaupt nichts mehr in der Welt giebt. Diese Richtung trägt den Namen Materialismus. Man ersieht leicht, dass die Anhänger der ersten Ansicht der Naturwissenschaft ein ganz begrenztes Ziel stecken, während der Materialismus für die naturwissenschaftliche Forschung keine Grenzen anerkennt und die Mittel zu haben vorgiebt, alles, auch das geistige Leben der Menschheit, im Rahmen der atomistisch-mechanischen Theorie erklären zu können.

4. Eine Entscheidung zwischen diesen beiden Richtungen kann natürlich erst am Schlusse der Untersuchung getroffen werden. Diese hat also festzustellen, wie weit es bisher gelungen ist, die Erscheinungen der Natur auf Bewegungen von Atomen und Molekülen zurückzuführen. Dabei bieten sich fast von selbst drei scharf gesonderte Gruppen von Erscheinungen dar, nämlich:

1. die Erscheinungen der leblosen Natur,
2 die Lebenserscheinungen der organischen Wesen (mit Ausschluss der psychischen Erscheinungen) und
3. die psychischen Erscheinungen selbst.

I. Die Erklärung der Erscheinungen in der leblosen Natur.

1. Die Berechtigung der atomistischen Auffassung.

1. Das charakteristische Kennzeichen der atomistischen Auffassung ist die Annahme, dass alle Materie aus räumlich getrennten Teilchen zusammengesetzt, also nicht kontinuierlich sei. In diesem allgemeinen Sinne aufgefasst, ist die Atomistik schon sehr alt.

Schon die Lehre Demokrits gipfelt (nach Lange) in den Sätzen: 1. Aus Nichts wird Nichts; Nichts, was ist, kann vernichtet werden. Alle Veränderung ist nur Verbindung und Trennung von Teilen. 2. Nichts geschieht zufällig, sondern alles aus einem Grunde und mit Notwendigkeit. 3. Nichts existiert als die Atome und der leere Raum; alles andere ist Meinung. 4. Die Atome sind unendlich an Zahl und von unendlicher Verschiedenheit der Form. In ewiger Fallbewegung durch den unendlichen Raum prallen die grösseren, welche schneller fallen, auf die kleineren; die dadurch entstehenden Seitenbewegungen und Wirbel sind der Anfang der Weltbildung. Unzählige Welten bilden sich und vergehen wieder nebeneinander wie nacheinander. 5. Die Verschiedenheit aller Dinge rührt her von der Verschiedenheit ihrer Atome an Zahl, Grösse, Gestalt und Ordnung; eine qualitative Verschiedenheit der Atome findet nicht statt. Die Atome haben keine „inneren Zustände"; sie wirken aufeinander nur durch Druck und Stoss. 6. Die Seele besteht aus feinen, glatten und runden Atomen, gleich denen des Feuers. Diese Atome sind die beweglichsten, und durch ihre Bewegung, die den ganzen Körper durchdringt, werden die Lebenserscheinungen hervorgebracht.

Man muss die Kühnheit des Geistes bewundern, die sich in

diesen grossartigen Zügen einer allumfassenden Weltanschauung offenbart. Abgesehen von den auf die atomistische Zusammensetzung sich unmittelbar beziehenden Sätzen enthält der erste Satz bereits im Keime die beiden neueren Grundgesetze von der Erhaltung der Materie und der Kraft, der zweite die Überzeugung von der ausnahmslosen Kausalität alles Geschehens, während der vierte und sechste einen Ausblick auf die Entstehung der Welten und die Erklärung der Lebenserscheinungen eröffnet. Auf Grund des dritten Satzes kann Demokrit mit Recht als der Vater des heutigen Materialismus betrachtet werden, von dem er sich aber durch die Annahme eines besonderen Seelenstoffes unterscheidet.

2. Eine Fortbildung und Weiterentwickelung der Demokritischen Anschauungen, auf die wir aber nicht eingehen wollen, finden wir hauptsächlich bei Epikur, Lucrez und in neuerer Zeit bei Gassendi. Boyle aber erst führte die Atome in die Wissenschaft ein, die seither bis auf eine kurze Periode des Zweifels am meisten Gebrauch von ihnen machte, in die Chemie. Und in gleichem Masse wie die Chemie die Atomistik immer fruchtbarer ausgestaltete und verwertete, drang auch die Überzeugung von der atomistischen Zusammensetzung der Körper immer mehr in die Kreise der Physiker ein, so dass die atomistisch-mechanische Weltanschauung heutzutage, in naturwissenschaftlichen Kreisen wenigstens, fast allgemeine Anerkennung geniesst.

3. Eine Darlegung dieser Anschauung im einzelnen ist an dieser Stelle nicht angängig und auch überflüssig; um so mehr aber bleibt zu erwägen übrig, welchen Vorzügen die atomistisch-mechanische Ansicht ihren Sieg über gegensätzliche Theorieen verdankt.

Werfen wir einen Blick zurück auf die oben dargelegten Grundzüge der Demokritischen Naturerklärung, so überrascht uns die Anschaulichkeit, mit der die Mannigfaltigkeit der Naturerscheinungen auf Bewegungen kleiner Teilchen zurückgeführt wird. Und gerade der Vorzug der Anschaulichkeit ist es, der auch der heutigen Atomistik in hohem Grade eigen ist und im Verein mit anderen Vorzügen die entgegenstehenden Theorieen, besonders die Stetigkeits-(Kontinuitäts-)Hypothese, wonach die Körper den Raum lückenlos ausfüllen, zurückgedrängt hat. Dass aber die Anschaulichkeit eine berechtigte Forderung bei der Erklärung anschaulich gegebener Dinge ist, braucht wohl nicht besonders hervorgehoben zu werden.

Man könnte fast sagen, die Atomistik sei eine Übertragung dessen, was wir im Bereich des Grossen, im Weltall, wahrnehmen, auf den Kreis des Kleinen: Wie dort die unzählbaren Sterne durch weite Klüfte von einander geschieden sind, so sollen auch die Sterne selbst und ihre Teile, die Körper, aus Welten von Molekülen und Atomen bestehen; wie dort, wie es scheint, nirgendwo völlige Ruhe, sondern Bewegung nach bestimmten Gesetzen die Regel, so auch in der Welt der Moleküle und Atome.

4. In der Anordnung und Bewegung der Atome findet der Chemiker die Mittel zur Erklärung einer ganzen Reihe der verschiedensten Thatsachen seiner Wissenschaft.

Durch das Zusammentreten von Atomen zu Molekülen entsteht die chemische Verbindung, ihr Auseinandergehen wird als chemische Zersetzung wahrgenommen. Die Verschiedenheit des Gewichts im Verein mit der Annahme, dass die Atome sich stets in bestimmten Zahlenverhältnissen zu Molekülen vereinigen, erklärt das Gesetz der Verbindung von Elementen nach festen Gewichtsverhältnissen und das der multiplen Proportionen. Bei allen chemischen Vorgängen handelt es sich um eine Umlagerung der Atome zu neuen Molekülen. Die Änderung der Dampfdichte, die viele, vielleicht alle Elemente bei hohen Temperaturen erleiden, lässt sich auf die Spaltung der Moleküle (Dissoziation) zurückführen. Die Vereinigung verschieden vieler Atome eines und desselben Elements zu Molekülen, wie man wenigstens bei Sauerstoff und Ozon annimmt, bedingt vielleicht die Thatsache, dass viele, vielleicht alle Elemente in mehreren verschiedenen Zuständen (Allotropieen) auftreten. Um die sonst ganz rätselhaften Erscheinungen der Isomerie (einschliesslich Metamerie und Polymerie), wonach es Verbindungen von gleicher prozentischer Zusammensetzung, aber verschiedenen Eigenschaften giebt, zu deuten, genügt die einfache Annahme, dass dieselben Atome sich in verschiedener Anordnung zu einem Molekül vereinigen können. Mit der räumlichen Anordnung der Atome in den Molekülen beschäftigt sich neuerdings überhaupt ein ganz selbständiger, vielversprechender Zweig der Chemie, die Stereochemie, die im Grunde genommen nur eine weitere Ausgestaltung der Lehre von der Atomverkettung ist; sie sucht auf anschauliche Weise besonders über die eigentümlichen Verbindungs- und Spaltungserscheinungen der organischen Stoffe Aufschluss zu geben.

5. In die Welt der Physik hauptsächlich führt uns die Lehre von der Anordnung der Körpermoleküle.

Die veränderliche Entfernung der Moleküle desselben Körpers ermöglicht die Ausdehnung und Zusammenziehung unter dem Einfluss von Wärme oder Druck und bedingt bei verschiedenen Körpern gemeinsam mit der Verschiedenheit des Molekulargewichts die Unterschiede im spezifischen Gewicht und in der Dichte. Durch die Annahme, dass unter gleichem Druck und bei gleicher Temperatur ein und derselbe Raum stets gleich viel Moleküle verschiedener Gase enthält, erklärt sich das gleichartige Verhalten der gasförmigen Stoffe bei Änderungen des Druckes und der Temperatur sowie die Thatsache, dass die Gase sich in einfachen Volumverhältnissen verbinden und dass auch das sich ergebende Volumen in einer einfachen Beziehung zu jenen steht. Auf eine verschiedene Anordnung der Moleküle nach den verschiedenen Richtungen des Raumes weist das Verhalten der nicht regulären Kristalle hin, die ja gleichfalls nach den verschiedenen Richtungen verschiedene Eigenschaften bezüglich Härte, Spaltbarkeit, Elasticität, Ausdehnung durch die Wärme, optisches Verhalten u. s. w. zeigen. Auch die physikalische Isomerie, d. h. die Erscheinung, dass eine und dieselbe chemische Verbindung in Formen vorkommt, die sich durch verschiedene physikalische Eigenschaften, wie Gestalt, spez. Gewicht, Härte, Farbe u. s. w. unterscheiden, lässt sich wohl auf die verschiedene Anordnung der Moleküle oder Molekülgruppen zurückführen.

6. Die Annahme von Bewegungen der Körpermoleküle ermöglicht eine anschauliche Erklärung ganzer Gebiete von physikalischen Erscheinungen.

Das regellose Zusammentreten von Molekülen zu grösseren Massen bedingt den amorphen Zustand, während ihre Vereinigung nach bestimmten Gesetzen die Kristallisation herbeiführt. Auflösung und Absorption, Mischung und Diffusion bedeuten nichts anders als das Eintreten von Molekülen des einen Körpers in die Lücken zwischen denen des anderen. — Auf regelmässige, verhältnismässig langsame schwingende Bewegungen der Moleküle führt man die Erscheinungen des Schalls zurück; mehr unregelmässige und dabei schnellere Bewegungen bedingen die verschiedenen Aggregatzustände und die Erscheinungen der Körperwärme; die fortschreitende Bewegung der Gasmoleküle ruft die Spannkraft der Gase hervor.

7. Daneben kann die atomistische Theorie nicht umhin, zur anschaulichen Deutung der feinsten und zartesten Naturerscheinungen das Vorhandensein eines äusserst feinen, den ganzen von Körpermolekülen freien Raum anfüllenden und gleichfalls aus räumlich getrennten Teilchen bestehenden Stoffes, des Äthers, anzunehmen, dessen Bewegungen eben jene Erscheinungen hervorbringen.

Die Annahme eines solchen Stoffes wird gleichfalls durch das Prinzip der Anschaulichkeit gefordert und zwar zur Erklärung der Thatsache, dass Licht- und Wärmestrahlen den Weltenraum und die Körper durchdringen. Sollte man leugnen, dass die Strahlung überhaupt in einer Bewegung bestehe, und etwa annehmen — wobei übrigens die Forderung der Anschaulichkeit nicht erfüllt würde —, dass sie eine unvermittelte Fernwirkung sei, wie wir uns ja gewöhnlich die Gravitation denken, so wäre demgegenüber zu bemerken, dass die Strahlen durch Körper aufgehalten, zurückgeworfen und gebrochen werden und auch Zeit zu ihrer Fortpflanzung gebrauchen, was unseres Wissens bei der Schwerkraft nicht der Fall ist, während wir beim Schall, der ja offenkundig in einer Bewegung besteht, ähnliche Verhältnisse antreffen. Eine Bewegung aber lässt sich anschaulich nicht ohne etwas Bewegtes, ohne einen Träger der Bewegung vorstellen. Die ausserordentliche Feinheit des Athers aber erhellt aus der Thatsache, dass die Planeten durch ihn hindurchgehen, ohne einen merklichen Widerstand zu finden, ja dass auch die weniger massigen Kometen durch ihn keine Abnahme ihrer Geschwindigkeit zu erleiden scheinen. (Die beobachtete Verzögerung des Enckeschen Kometen hat sich als trügerisch oder als eine nur zeitweilige herausgestellt.)

In den Bewegungen des Athers aber und ihrer Verschiedenheit nach Geschwindigkeit und Art finden wir die Grundlagen zur Erklärung der Erscheinungen der strahlenden Wärme, des Lichts, des Magnetismus, der Elektricität und ihrer besonderen Arten, wie der verschiedenen Sorten des polarisierten Lichts, der statischen und dynamischen Elektricität.

8. Die Übertragung der Bewegung aber zwischen den verschiedenen Körper- und Äthermolekülen bietet schliesslich den Schlüssel dar zur Deutung der so mannigfaltigen Umwand-

lungen der Naturerscheinungen, und was das Vertrauen auf die atomistische Theorie erhöht, ist dies, dass das allgewaltige Energiegesetz, das die Erhaltung der Energie bei den sichtbaren Bewegungen grosser Massen lehrt, als auch für jene unsichtbaren Bewegungen und ihre Übertragungen gültig in einzelnen Fällen nachgewiesen werden konnte.

Bei der Entstehung von Wärme durch Reibung, Druck und Stoss geht die Bewegung ganzer Massen in die der Moleküle über; ein gleiches ist der Fall bei der Hervorrufung von Schallwellen durch mechanische Arbeit, welch letztere auch unmittelbar in magnetische und elektrische Ätherbewegung übergeführt werden kann (Dynamomaschine). Umgekehrt lässt sich auch die Molekularbewegung der Wärme wieder in Massenbewegung umsetzen (Dampfmaschine, Trevelliansher Wackler), wie auch die Schallwellen wieder mechanische Arbeit zu leisten vermögen (Trommelfell, Mittönen). Von Molekül auf Molekül überträgt sich die Bewegung bei der Leitung der Wärme und der Fortpflanzung des Schalles. In chemische Arbeit, also in die die chemische Vereinigung und Zersetzung bedingende Bewegung der Atome, sowie in die Ätherbewegung des Lichts, der strahlenden Wärme und der Elektricität ist die Wärme noch leichter umwandelbar. Dass auch rückwärts die der chemischen Vereinigung zu Grunde liegende Atombewegung wieder in Molekularbewegung übergehen kann, zeigt die hierbei stattfindende Wärmeentwickelung, während die Phosphorescenz in Zersetzung begriffener Stoffe, sowie die Erzeugung von Elektricität in den galvanischen Elementen die Umwandlungsfähigkeit der chemischen Arbeit in Licht und Elektricität bezeugt.

Aber auch die Ätherbewegung kann der Ausgangspunkt von Bewegungen anderer Art sein. Die Absorptionserscheinungen des Lichts und der strahlenden Wärme, die Umwandlung der Elektricität in Körperwärme, die elektromagnetischen Töne zeigen, dass die Bewegung des Äthers sich auf die Moleküle übertragen kann. Die durch den Einfluss des Lichts bewirkten chemischen Verbindungen (z. B. von Wasserstoff und Chlor), sowie die häufigeren Zersetzungen, wie im Chlorophyll der Pflanzen und in der lichtempfindlichen Schicht der photographischen Platte, lassen eine Umsetzung in Atombewegung erkennen. Bei der Fortpflanzung des Lichts, der strahlenden Wärme und der Elektricität, bei der Umwandlung des Lichts in strahlende Wärme, der verschiedenen Lichtarten ineinander (Fluorescenz), der Elektricität in Licht und strahlende Wärme, der elektrischen Spannung in elektrische Strömung und umgekehrt denken wir an eine Übertragung der Bewegung von Molekül zu Molekül.

Die mit dem Übergang der Bewegung aus einem Mittel in ein anderes verbundenen Änderungen in der Richtung und Art der Bewegung erklären die Reflexion, Brechung, Beugung und Polarisation in den verschiedenen Erscheinungsgebieten. Durch das Zusammentreffen von Bewegungen derselben Art werden die Interferenzerscheinungen gedeutet.

9. Neben dem Vorzug der Anschaulichkeit kann die atomistische Auffassung noch weiterhin für sich geltend machen, dass sie eine einheitliche Erklärung der Naturerscheinungen ermöglicht oder wenigstens anstrebt. Auch die Stetigkeitstheorie vermag ganze Gruppen von Erscheinungen zufriedenstellend zu erklären; ja sie ist sogar für die mathematische Rechnung meistens bequemer, so dass sie auf manchen Gebieten, wie z. B. auf dem der Elasticitätstheorie, noch heute vorherrscht. Indessen ist es vorzugsweise die Einheitlichkeit in der Erklärung der Erscheinungen, die der Atomistik den Sieg verliehen hat, zumal die neuerdings so sehr beachtete Umwandlungsfähigkeit aller Naturkräfte eine solche Einheitlichkeit geradezu fordert.

Die obenstehende Übersicht beweist eigentlich schon zur Genüge die Richtigkeit des gesagten; doch möge noch auf einige Punkte besonders hingewiesen werden. Die Erscheinung der Wärmeleitung in den Körpern ordnet sich von selbst den Gesetzen der scheinbar ganz verschiedenen Wärmestrahlung im Äther unter, wenn man mit Poisson annimmt, dass die Körper aus räumlich getrennten Teilchen bestehen, die die Wärme einander zustrahlen, und zwar stimmen die theoretischen Folgerungen mit den Versuchsergebnissen aufs beste überein. Die Kluft zwischen den so sehr verschiedenen und doch offenbar verwandten magnetischen und elektrischen Erscheinungen überbrückt die Ampèresche Theorie, die notwendigerweise im Eisen räumlich getrennte Teilchen annehmen muss, da sonst die kleinen Elementarströme ineinanderfliessen würden. Die Atomistik ermöglicht ferner eine einheitliche Erklärung des Lichts und der strahlenden Wärme, die ja, wie das Spektrum mit seinen ultraroten Strahlen zeigt, nur gradweise, aber nicht ihrem Wesen nach verschieden sein können. Ja noch viel umfassender ist die atomistische Deutung: sie zieht auch die verschiedenartigsten Erscheinungen der Chemie und Kristallographie, wie oben dargelegt, in den Bereich ihrer Erklärung hinein, und gerade dadurch, dass sie alle Erscheinungen auf Gleichgewicht und Bewegung materieller Teilchen zurückzuführen sucht, ermöglicht sie die Anwendung der Gesetze der Mechanik, ohne die an eine zuverlässige Naturerklärung überhaupt nicht gedacht werden kann.

10. **Aber auch den übrigen, im ersten Teil dargelegten Anforderungen einer guten Hypothese hält die Atomistik stand.** Die Übereinstimmung ihrer deduktiven Schlussfolgerungen mit den Erfahrungsthatsachen ist in so vielen Fällen zu Tage getreten, dass es genügt, ein besonders treffendes Beispiel herauszugreifen. So vermochte Maxwell aus denselben Formeln, auf denen die Schätzung der Weglänge der Gasmoleküle, ihres Durchmessers und ihres absoluten Gewichts beruht, Folgerungen über das Wärmeleitungsvermögen und die innere Reibung verschiedener Körper abzuleiten, die durch den Versuch in glänzender Weise bestätigt wurden.

Auch noch unbekannte Erscheinungen konnte die Atomistik voraussagen. Abgesehen von den im ersten Teil hervorgehobenen Entdeckungen, soweit sie durch die atomistische Auffassung bedingt waren, mag an die Entdeckung der konischen Refraktion erinnert werden. Hamilton fand aus theoretischen Betrachtungen der Wellentheorie, dass ein Lichtstrahl, der in einer gewissen Richtung in einen doppelt brechenden Krystall von aussen eintritt, sowie ein in einer ebenso bestimmten Richtung von innen austretender Strahl, sich in einen hohlen Lichtkegel verwandeln muss, und dies theoretische Ergebnis wurde von Lloyd am Aragonit experimentell bestätigt.

Und nicht nur die groben, offen zu Tage liegenden Erscheinungen vermag die Atomistik befriedigend zu erklären, gerade in der Deutung der feinsten und seltensten Erscheinungen hat sie, wie ja auch das vorstehende Beispiel unter vielen zeigt, ihre Kraft bewährt, so dass sich diese Erscheinungen, die ja ihrer Natur nach erst später entdeckt wurden, zwanglos dem Kreise der bereits erklärten Vorgänge einreihen liessen. Dass aber schliesslich die Atomistik zu neuen Forschungen angeregt hat, ist klar für denjenigen, dem die Entwickelung der neueren Physik und Chemie bekannt ist.

2. Lücken und Widersprüche in der Atomistik. Schwierigkeiten allgemeinerer Art in den Begriffen Kraft und Materie.

1. Bei all den dargelegten Vorzügen der Atomistik soll aber nicht verkannt werden, dass die atomistisch-mechanische Naturerklärung noch keineswegs auf allen Gebieten und nach allen Richtungen hin völlig befriedigend durchgeführt ist. Es sind immerhin noch grosse Lücken auszufüllen, zumal wenn wir als solche alle die Gebiete rechnen, auf denen man noch nicht zu einer übereinstimmenden, allgemein anerkannten Erklärung gelangt ist.

Es kann hier nicht der Ort sein, alle Lücken aufzuzählen, es sei nur darauf hingewiesen, dass das ganze grosse Gebiet der eigentlichen Molekulartheorie noch seines Newton harrt und dass in der scheinbar einheitlichen Optik noch die verschiedensten Abarten der Wellentheorie um den Sieg ringen, der ihnen neuerdings dazu noch von der elektromagnetischen Lichttheorie streitig gemacht wird. Wichtiger ist, dass es der Atomistik eigentlich noch an der rechten Zuspitzung fehlt. Solange noch die verschieden schweren, vielleicht auch verschieden gestalteten Atome der einzelnen Elemente nebeneinander bestehen, solange noch die Grundverschiedenheit zwischen den Körper- und Äthermolekülen festgehalten werden muss, so lange wird man zugeben müssen, dass das der Atomistik zu Grunde liegende Prinzip, die Zergliederung der Materie, noch nicht bis in seine letzten Konsequenzen durchgeführt ist.

2. Daraus aber, dass die Atomistik noch Lücken enthält, ist ihr kein Vorwurf zu machen, denn sie ist eben eine werdende Wissenschaft. „Leistet die Atomistik noch nicht alles, was man einst von ihr zu erwarten hat, so ist daran zu denken, dass es kein Vorwurf ist, noch ein Kind zu sein; vielmehr dass sie als Kind schon so viel leistet, lässt von ihrer Zukunft alles noch zu erwarten.“ Schwerwiegender ist jedenfalls, dass noch manche Widersprüche ihrer Lösung harren.

In seiner Geschichte der Physik sagt Heller: „Es darf allerdings nicht geleugnet werden, dass die gegenwärtig zu Recht bestehende atomistische Theorie uns an vielen Punkten in die unlösbarsten

Widersprüche verwickelt, und es wird jedenfalls eine Aufgabe der nächsten Zukunft zu bilden haben, diesen von streng fachmännischer Seite bisher fast unberücksichtigten Schwierigkeiten mit Ernst zu Leibe zu gehen.“ Auf einen solchen Widerspruch stösst man z. B. bei einer strengen Durchführung der Wellentheorie. Die Polarisationserscheinungen des Lichts weisen zwingend auf transversale Wellen hin. Solche Wellen sind aber nicht möglich in flüssigen oder luftförmigen Körpern, die wohl einem Zusammenpressen Widerstand entgegensetzen, nicht aber einer seitlichen Verschiebung der Teilchen. Dem Äther als dem Träger der Transversalwellen muss also die Wellentheorie solche Eigenschaften beilegen, wie sie von den bekannten irdischen Körpern nur die fest-elastischen besitzen. Nun gehen aber die Himmelskörper durch den mit Äther gefüllten Weltenraum hindurch, ohne einen merklichen Widerstand zu finden, eine Thatsache, die auch dann noch unerklärbar scheint, wenn man annehmen sollte, der Äther habe etwa die Beschaffenheit einer halbflüssigen, gallertigen Masse.

3. Indessen auch solchen Widersprüchen gegenüber ist zu hoffen, dass sie in der Folge noch beseitigt werden können, wie dies bei dem dargelegten durch die elektromagnetische Lichttheorie versucht wird. Demgemäss können wir uns in der Beurteilung der Atomistik durchaus Fechner, ihrem begeisterten Verteidiger unter den Philosophen, anschliessen, wenn er sagt: „Nach alledem wollen wir doch selber die Atomistik nicht für etwas absolut Gewisses ausgeben, weder in dem Sinne, wie manche Philosophen von absoluter Gewissheit ihrer Systeme sprechen, noch in dem Sinne, wie etwas unmittelbar Erfahrenes als solches auch unmittelbar gewiss ist; es bleibt auch uns ein Platz noch für den Glauben, der in allen höchsten und letzten Dingen das Wissen ergänzen muss, in den materiellen nicht minder als in den geistigen; man soll sich nur im Versuch, die materiellen zu verknüpfen, an die Atomistik als an das wahrscheinlichste, zulänglichste halten, bis es etwas Wahrscheinlicheres, Zulänglicheres giebt, nur das hinzufügend, dass sie schon so viele zusammenstimmende und gegen gegenteilige Verknüpfungsweisen überwiegende Wahrscheinlichkeitsgründe für sich hat, dass es ganz unwahrscheinlich ist, es werde etwas von Grund aus Wahrscheinlicheres und Zulänglicheres

gefunden werden, indes allerdings zu verlangen und zu hoffen ist, sie werde sich selbst immer noch zu grösserer Wahrscheinlichkeit und Zulänglichkeit in sich erheben und begründen.“

4. Wenn aber auch alle Lücken ausgefüllt und alle Schwierigkeiten beseitigt wären, so würde uns die Atomistik doch die letzten Ursachen alles Geschehens nicht enthüllen. Dort, wo der naive Sinn alles aufs beste geklärt wähnt, heben die eigentlichen Schwierigkeiten erst an, Schwierigkeiten, deren Lösung man nicht ohne weiteres von der fortschreitenden Wissenschaft erwarten darf. Freilich, wer von der Atomistik nicht mehr verlangt als eine anschauliche Zurückführung der Naturvorgänge auf Anordnung und Bewegung von Molekülen und Atomen — und es giebt genug Forscher, die der Naturwissenschaft diese Grenze stecken —, der wird mit der oben gegebenen Darstellung sich für befriedigt erklären. Der forschende Menschengeist aber, der sich nicht in die Schranken einer Wissenschaft bannen lässt, kann sich nicht dabei beruhigen; immer neue Fragen tauchen auf: Woher stammen denn diese Bewegungen? Wie und weshalb gehen sie ineinander über? Auf welche Weise kommt jene Anordnung zustande und weshalb erhält sie sich mit mehr oder minder grosser Zähigkeit? Welche Eigenschaften sind den Molekülen und Atomen selbst zuzuschreiben? Aus der Art dieser Fragen lässt sich bereits ersehen, dass es sich um Schwierigkeiten von grundsätzlicher Bedeutung in den Begriffen der Materie und der Kraft handelt, und wir werden den Sinn der Fragen und ihre Wichtigkeit am besten erkennen, wenn wir feststellen, in welcher Weise man diesen Schwierigkeiten auszuweichen versucht hat.

5. Die Frage nach der Ursache der Bewegung und ihrer Veränderungen, sowie die Thatsache, dass die Körper einer Änderung ihres inneren Gleichgewichtszustandes einen mehr oder weniger grossen Widerstand entgegensetzen, haben zur Bildung des Kraftbegriffs geführt, der ein bedeutsames Hülfsmittel in der Darstellung der Gesetze des Gleichgewichts und der Bewegung geworden ist.

Der Begriff der Kraft spielt in der älteren Atomistik noch nicht die wichtige Rolle, wie in der neueren; Demokrit führt alle Bewegung auf Druck und Stoss zurück. Erst infolge des Newtonschen Einflusses wird der Begriff einer zwischen den sichtbaren Massen wirkenden Anziehungskraft auch auf die unsichtbaren Massenteilchen, die Moleküle, übertragen; während Boyle die Moleküle der Körper noch mittels Zacken und Vorsprünge ihrer rauhen Flächen zusammenhängen lässt, nimmt Dalton bereits eine Molekularanziehung zwischen ihnen wirkend an.

Die Einführung von Kräften erscheint infolge des Trägheitsgesetzes da notwendig, wo ein Körper seinen Zustand, sei es den der Ruhe oder der geradlinigen, gleichförmigen Bewegung ändert. Die Anziehungskraft der Sonne soll uns die stete Abweichung der Planeten von der geradlinigen Bahn erklären, wie die der Erde das Fallen der Körper. Aber auch wo ein Körper z. B. einer gewaltsamen Änderung seines Volumens oder seiner Gestalt Widerstand leistet und womöglich in den früheren Zustand zurückzukehren sucht, wie bei den elastischen Erscheinungen, sucht man dem inneren Wesen der Erscheinung durch die Annahme von Kräften, den Molekularkräften, näher zu kommen.

6. Der Begriff der Kraft entbehrt nun aber gerade der Eigenschaft gänzlich, durch die die Atomistik sich sonst in hervorragender Weise auszeichnet, nämlich der Anschaulichkeit. Die ganze atomistisch-mechanische Auffassung erscheint daher als ein Gemisch von rein anschaulichen und rein begrifflichen Elementen. Der Kraftbegriff selbst ist daher zu werten als ein Hülfsmittel unseres Verstandes in der Auffassung der Naturvorgänge; er ist im Grunde genommen nur ein anderer Ausdruck für die unergründliche Kausalität alles Geschehens, d. h. für die Thatsache, dass mit bestimmten Änderungen an dem einen Orte regelmässig ebenso bestimmte Änderungen an anderen Orten zeitlich verknüpft sind.

In dieser Auffassung des Kraftbegriffs begegnen sich die Ansichten vieler Naturforscher und Philosophen. Hierfür einige Beispiele. Du Bois-Reymond: „Die Kraft (insofern sie als Ursache der Bewegung gedacht wird) ist nichts als eine verstecktere Ausgeburt des unwiderstehlichen Hanges zur Personifikation, der uns eingeprägt ist . . . . Was ist gewonnen, wenn man sagt, es sei die gegenseitige Anziehungskraft, wodurch zwei Stoffteilchen sich einander nähern? Nicht der Schatten einer Einsicht in das Wesen des Vorgangs.“ u. a. a. O.: „Durch den leeren Raum in die Ferne wirkende Kräfte sind an sich unbegreiflich, ja widersinnig und erst seit Newtons Zeit, durch Missverstehen seiner Lehre und gegen seine ausdrückliche Warnung, den Naturforschern eine geläufige Vorstellung geworden.“ Newton selbst schreibt an Bentley: „Dass die Gravitation eine natürliche, inhärente und wesentliche Eigenschaft der Materie sei, so dass ein Körper durch den vollkommen leeren Raum hindurch ohne Vermittelung irgend eines Etwas, durch welches seine Thätigkeit und Kraft fortgepflanzt würde, auf einen andern Körper einwirken könne, ist für mich eine so grosse Absurdität, dass ich glaube, niemand, der in philosophischen Dingen eine ausreichende Denkfähigkeit besitzt, kann jemals darauf verfallen.“ Preyer: „In der Natur sind keine Kräfte vorhanden, sondern werden vom menschlichen Verstande nur in sie verlegt.“ Fechner: „Kraft ist der Physik überhaupt weiter nichts als ein Hülfsausdruck zur Darstellung der Gesetze des Gleichgewichts und der Bewegung. Wir sprechen von Gesetzen der Kraft; doch sehen wir näher zu, sind es nur Gesetze des Gleichgewichts und der Bewegung, welche beim Gegenüber von Materie und Materie gelten. Sonne und Erde äussern eine Anziehungskraft aufeinander, heisst nichts weiter als: Sonne und Erde bewegen sich im Gegenübertreten gesetzlich nacheinander hin; nichts als das Gesetz kennt der Physiker von der Kraft; durch nichts sonst weiss er sie zu charakterisieren.“ Paulsen: „Man sagt: der Mond übt einen Einfluss auf die Erde, er zieht z. B. die Gewässer des Ozeans an sich und bewirkt dadurch die Erscheinung von Ebbe und Flut. Was geschieht hier? Löst sich vom Monde etwas ab, schwimmt durch das Leere hinüber zur Erde, hängt sich an die Wasserteile des Meeres und hebt sie dem Monde entgegen? Geht von dem Mond ein Ausfluss aus, der, nach allen Seiten gleichmässig sich ausbreitend, den Raum erfüllt und gleichsam absucht, und wo er einen Körper, gross oder klein, antrifft, sich alsbald an ihn hängt und ihn gegen den Mond zieht oder stösst? Oder wie wollen wir uns das Vorsichgehen der Einwirkung sonst vorstellen? Ist der Mond mit der Erde, ist jedes Massenteilchen mit jedem andern durch ein unsichtbares Seil oder Band verknüpft, wodurch es das andere zu sich zieht? — Nun, von alledem weiss die Physik gar nichts. Was sie uns wirklich sagt, wenn sie die Flutwelle eine Wirkung der Anziehungskraft des Mondes nennt, ist dies: Die Bewegung der Wassermassen, die wir Flut und Ebbe nennen, tritt regelmässig mit regelmässigen Veränderungen der Stellung des Mondes zur Erde ein; sie entspricht nach Form und Grösse den Fallbewegungen auf der Erde.... Regelmässige und spontane Zusammenstimmung der Veränderung an verschiedenen Punkten der Wirklichkeit, das ist alles, was wir von Wechselwirkung wissen. Von Ausflüssen und Einflüssen, von Bändern und Verknüpfungen, von Nötigung und Zwang ist hier gar keine Rede."

7. Der Mangel an Anschaulichkeit im Begriffe der Fernkraft, die momentan und unvermittelt durch den Raum wirken soll, ist es aber nicht allein, was diesen Begriff so unsympathisch gemacht hat. Auch die Notwendigkeit, mehrere Anziehungskräfte mit verschiedenen Wirkungsweisen und sogar neben den anziehenden Kräften auch noch abstossende annehmen zu müssen, will mit dem Prinzip einer einheitlichen Naturerklärung nicht im Einklang erscheinen.

Die elastischen Erscheinungen, d. h. die Thatsache, dass die Körper einer Änderung ihres Volumens und bei festen Körpern auch ihrer Gestalt einen Widerstand entgegensetzen und in den ursprünglichen Zustand zurückzukehren suchen, haben die Annahme abstossender Kräfte neben der Molekularanziehung notwendig gemacht. Beim Zusammendrücken müsste alsdann die Abstossung stärker zunehmen als die Anziehung, während bei der Ausdehnung das entgegengesetzte Verhalten eintreten würde. Wem aber die abstossende Kraft beilegen? Den Körpermolekülen, die sich gegenseitig anziehen, gleichzeitig eine Abstossung zuzuschreiben, ist geradezu widersinnig, obwohl auch diese Ansicht schon verfochten worden ist. Bleibt also nur übrig, die Ätherteilchen, die ihrerseits von den Körpermolekülen angezogen und elastische Hüllen um sie bilden sollen, mit abstossenden Kräften auszurüsten, während man andererseits, wie oben dargelegt, dem Äther die Eigenschaften eines festen Körpers, also Kohäsion zuschreiben muss.

8. Ausserdem ist es Thatsache, dass man in manchen Fällen, wo man früher eine momentane und unvermittelte Ausbreitung der Kraftwirkung annehmen zu müssen glaubte, bei genaueren Untersuchungen eine zeitliche Ausbreitung festgestellt hat, die nun auch darauf hinweist, dass die Kraft nicht unvermittelt in die Ferne wirkt, sondern die zwischenliegenden Teilchen der Reihe nach hierzu beitragen.

Diese Ansicht ist besonders von Faraday vertreten worden: Die Kraft ist nichts, was zwischen zwei entfernten Raumpunkten unvermittelt wirkt, sondern der ganze Zwischenraum zwischen jenen Punkten ist bei der Kraftwirkung so beteiligt, dass jeder Punkt desselben empfangend und gebend oder vermittelnd thätig ist. „Unter den vielen Fragen, sagt Hertz, welche er (Faraday) sich beständig aufwarf, kehrt immer wieder die Frage, ob die elektrischen und magnetischen Kräfte Zeit zu ihrer Ausbreitung nötig hätten. Wenn wir einen Magneten plötzlich durch den Strom erregen, wird seine Wirkung sofort bis zu den grössten Entfernungen verspürt? Oder trifft sie zunächst die benachbarten Nadeln, dann die folgenden, endlich die ganz entfernten? Wenn wir einen Körper in schneller Abwechselung umelektrisieren, schwankt dann die Kraft in allen Entfernungen gleichzeitig? Oder treffen die Schwankungen um so später ein, je mehr wir uns von dem Körper entfernen? Im letzteren Fall würde sich die Wirkung der Schwankung als eine Welle in den Raum ausbreiten. Giebt es solche Wellen?“ Diese Fragen, deren Beantwortung Faraday trotz eifrigen Suchens nicht geluugen war, wurden durch Hertz in seinen berühmten Untersuchungen dahin beantwortet, dass die magnetischen und elektrischen Wirkungen in der That Zeit zu ihrer Ausbreitung gebrauchen, dass sie sich nach Art der Lichtwellen fortpflanzen. Die Gravitation indessen steht noch immer da als ein rocher de bronce, wenn auch, wie Hertz sagt, das Gesetz, nach dem sie wirkt, sie schon verdächtig macht. Aber es ist noch nicht gelungen nachzuweisen, dass die Gravitation zu ihrer Ausbreitung Zeit gebraucht und dass sie etwa durch Körper aufgehalten oder in ihrer Richtung beeinflusst wird.

9. Die dargelegten Schwierigkeiten in dem Begriffe der Kraft lassen es begreiflich erscheinen, dass man schon häufig versucht hat, ohne den Kraftbegriff auszukommen und die Naturerscheinungen auf den anschaulichen Druck und Stoss ganzer Massen oder Massenteilchen zurückzuführen. Indessen bringt uns hier gleich die Frage nach der Art des Stosses schon in die grösste Verlegenheit.

Ein passendes Beispiel hierfür ist die kinetische Gastheorie, die eine ganze Reihe von Erscheinungen auf den Zusammenprall der geradlinig fortschreitenden Gasmoleküle zurückführt. Ist nun aber der Stoss ein elastischer oder ein unelastischer? Beim elastischen

Stoss, an den man in der kinetischen Gastheorie durchgängig denkt, findet keine Abnahme der lebendigen Kraft statt; er ist nur möglich bei Körpern, deren Teilchen infolge ihres Zusammenhangs einer Verschiebung Widerstand leisten. Und darin liegt eine doppelte Schwierigkeit; denn die Annahme eines elastischen Stosses der Moleküle zwingt uns, die letzteren als noch aus kleineren Teilchen bestehend zu denken und selbst, wenn wir als solche die Atome rechnen wollten, so wäre nun wieder jener Widerstand nicht erklärbar, wenn man eben nicht auf elastische Kräfte zurückgreifen will. Nimmt man aber die aufeinanderstossenden Teilchen als unelastisch an, so muss offenbar, wenn man das Gesetz von der Erhaltung der Energie nicht fallen lassen will, eine Umwandlung eines Teils der Bewegungsenergie in Wärme stattfinden, also in innere Bewegung, wodurch wiederum eine Zusammensetzung aus noch kleineren Teilchen bedingt und die Schwierigkeit ausserdem nur weiter zurückverlegt wird.

10. Dazu kommt noch, dass wir doch schliesslich nicht den Stoss als solchen oder genauer den beim Stoss stattfindenden Vorgang anschaulich wahrnehmen, sondern nur das Ergebnis des Stosses, dass aber der Versuch, den Stoss selbst, also die Übertragung der Bewegung von einem Körper auf einen anderen oder von einem Atom auf ein anderes zu erklären, ebenso aussichtslos ist als die Erklärung der Gravitation.

„Eine bewegte Billardkugel trifft auf eine ruhende und überträgt auf sie, wie wir sagen, die eigene Bewegung. Sehen wir hier einen Einfluss übergehen, sehen wir die Bewegung überspringen? Berührt etwa je ein Atom der bewegten Kugel je eins der anderen und übergiebt ihm dabei seine Bewegung? Aber die Kugeln berühren sich ja bloss mit einem ganz kleinen Teil ihrer Oberfläche. Löst sich also etwa von jedem Atom seine Bewegung ab und wandert, immer auf ein nächst angrenzendes übergehend, in der Richtung auf den Berührungspunkt beider Bälle durch den Körper des ersten hindurch und breitet sich dann ebenso über den zweiten aus, bis jedes Bewegungselement wieder ein Atom gefunden hat, das es nun mit der ihm eigenen Richtung und Geschwindigkeit fortführt? Ich denke, es ist nicht nötig, die wunderlichen Verlegenheiten auszuführen, in welche eine solche Vorstellung gerät. Vereinfachen wir nun den Fall noch weiter; setzen wir statt der beiden Bälle zwei

Atome, ein bewegtes, das durch den Stoss ein ruhendes in Bewegung setzt und nun selber stillsteht. Sehen wir hier, wie ein Einfluss von A auf B übergeht? Hat sich etwa die Bewegung wie eine Haut von dem ersten abgelöst und an das zweite angehängt, es mit sich fortreissend? Aber die Bewegung ist ja nichts Körperliches, nichts Substantielles, das sich loslösen und für sich sein kann. Was hat sich also zwischen den beiden Atomen zugetragen? Ich denke, es ist auf alle Weise das Geratenste zu bekennen: Wir wissen es nicht; das Einzige, was wir wissen, ist die Thatsache, dass in einem ersten Zeitraum eine Bewegung von A stattfand, dass diese in einem gewissen Zeitpunkt, dem der Berührung, aufhörte, und dass gleichzeitig eine gleiche Bewegung von B begann; endlich dass im gleichen Fall das Gleiche sich zuträgt." (Paulsen.)

11. Noch andere Bestrebungen haben sich im Laufe der Zeit geltend gemacht, den in Misskredit geratenen Kraftbegriff zu verdrängen. Der Begriff der Energie, der ja seit der Entdeckung jenes Grundgesetzes von der Erhaltung der Energie eine so wichtige Rolle spielt, schien geeignet, ihn ersetzen zu können.

Diese Bestrebungen stützen sich, abgesehen von der immer mehr erkannten Umwandlungsfähigkeit der Energie, hauptsächlich auf die Thatsache, dass unsere Sinneswerkzeuge, die uns ja allein von der Aussenwelt Kunde geben, nur auf Energieunterschiede zwischen ihnen und der Umgebung reagieren. „In einer Welt, deren Temperatur überall die unseres Körpers wäre, würden wir auf keine Weise etwas von der Wärme erfahren können, ebenso wie wir keinerlei Empfindung von dem konstanten Atmosphärendruck haben, unter dem wir leben; erst wenn wir Räume andern Druckes herstellen, gelangen wir zu seiner Kenntnis." Diese energetische Weltauffassung, die in neuerer Zeit von Ostwald vertreten wird, soll zunächst den Vorteil einer hypothesenfreien Naturwissenschaft haben, insofern die Energieen etwas sind, das unmittelbar wahrgenommen und gemessen werden kann. „Wir fragen nicht mehr nach den Kräften, die wir nicht nachweisen können, zwischen den Atomen, die wir nicht beobachten können, sondern wir fragen, wenn wir einen Vorgang beurteilen wollen, nach der Art und Menge der aus- und eintretenden Energieen. Die können wir messen, und alles, was zu wissen nötig ist, lässt sich in dieser Gestalt ausdrücken."

12. Unleugbar besitzt die energetische Auffassung manche Vorzüge, und es kann zweifelhaft sein, ob sie vielleicht nicht einmal die mechanistische ersetzen wird. Aber es scheint doch, als ob ihre völlige Durchführung gleichzeitig einen grundsätzlichen Verzicht auf das Endziel der Naturwissenschaft bedeutet und auch das Anschauungsbedürfnis des menschlichen Geistes unbefriedigt lässt.

Der Wissensdrang des Menschen lässt sich nicht auf das, „was zu wissen nötig ist", einschränken. Die Fragen nach dem inneren Wesen der Energieen, ihrem Verhältnis zu einander, ihrem Ursprung, der Art und Weise ihrer Umsetzung u. a. werden sich schliesslich nicht als ausserhalb des Gebietes der Naturwissenschaft liegend zurückdrängen lassen, und die vom kühnen Flug der Phantasie getragene Hypothese wird auch wiederum ihren Einzug in die energetische Auffassung halten. Gerade in den Worten Ostwalds: „Die Energetik ist der Weg, auf welchem die so vielfach missverstandene Forderung Kirchhoffs, die sogenannte Naturerklärung durch die Beschreibung der Erscheinungen zu ersetzen, ihrem richtigen Sinne nach erfüllt werden kann" scheint der obige Verzicht ausgesprochen zu sein. Auch eignet sich die energetische Auffassung, wenigstens bis jetzt, nicht gleich gut für die einzelnen Gebiete der Naturwissenschaft.

13. Aber nicht allein in dem Begriff der Kraft, auch in dem des Atoms liegen, wie es scheint, unüberwindliche Schwierigkeiten verborgen. Zunächst ist es die Frage nach der Beschaffenheit der Atome, die ebenso wenig leicht zu beantworten, wie schwer zu umgehen ist. Denn man kann wohl mit Recht verlangen, dass die zur Erklärung von Naturerscheinungen herangezogenen Hülfsmittel mindestens ebenso klar vorstellbar sind, als uns die Erscheinungen selbst entgegentreten. Legen wir den Atomen dieselben oder ähnliche Eigenschaften bei, wie wir sie an den ganzen Körpern wahrnehmen, so sind eben jene Eigenschaften nicht erklärt; schreiben wir aber den Atomen ganz andere Eigenschaften zu, so erscheint diese Annahme widersinnig; beschränken wir uns auf die allgemeinsten Eigenschaften, die der Ausdehnung und Undurchdringlichkeit, so widerspricht dem das Bedürfnis unseres Geistes nach anschaulicher Vorstellung.

Helmholtz erklärt: „Über die Atome in der theoretischen Physik sagt Sir W. Thomson sehr bezeichnend, dass ihre Annahme keine Eigenschaft der Körper erklären kann, die man nicht vorher den Atomen selbst beigelegt hat", und pflichtet dieser Ansicht bei. Man stelle sich doch einmal ein Atom vor als ein Körperchen, das nur ausgedehnt und undurchdringlich ist.

14. Wichtiger noch ist die Frage, ob denn die Atome überhaupt ausgedehnt oder etwa ausdehnungslose, aber kraftbegabte Punkte sind. Die erste Annahme führt auf einen für unsere Vorstellung ins Unendliche verlaufenden Prozess, der unseren nach einem Abschluss verlangenden Verstand unbefriedigt lässt.

Der naive Sinn wird die Forderung als selbstverständlich ansehen, dass die Atome ausgedehnt sein müssen. Sind sie aber ausgedehnt, so ist nicht einzusehen, weshalb sie nicht noch weiter teilbar sein sollten; denn was ausgedehnt ist, setzt sich auch noch aus Teilen zusammen. Und überdies: Sind die Atome ausgedehnt, so haben sie irgend eine bestimmte Gestalt, gleichviel welche; was veranlasst uns denn nun, da wir doch die Gestalt der ganzen Körper auf die Art ihrer Zusammensetzung aus Molekülen und Atomen zurückführen, bei den Atomen selbst Halt zu machen? Bei einer strengen Durchführung des atomistischen Prinzips müssten wir uns doch die Atome nun wieder aus Unteratomen aufgebaut denken. Wir geraten also auf einen Prozess in infinitum, der unseren Verstand nicht befriedigt. „Alle solche ins Unendliche verlaufenden Prozesse aber zeigen, dass wir es in diesen Fragen nur mit den notwendigen Bedingungen unserer Erkenntnis zu thun haben und nicht mit dem, was die Dinge etwa an sich selbst und ohne alle Beziehung zu unserer Erkenntnis sein mögen." Das ist überhaupt die Wirkung des Unendlichen auf unseren Geist. Ebenso wenig wie wir uns vorstellen können, das Weltall habe eine Grenze oder es sei unbegrenzt, die Zeit habe einen Anfang gehabt und werde ein Ende haben oder sie sei ewig in Vergangenheit und Zukunft, ebensowenig können wir uns vorstellen, die Körper seien unbegrenzt teilbar oder ihre Teilbarkeit habe an den Atomen eine Grenze.

15. Die Annahme aber, die Atome seien ausdehnungslose, mit Kraft ausgestattete Punkte, giebt, abgesehen von den im Kraftbegriff liegenden Schwierigkeiten, die Anschaulichkeit völlig preis.

Auf diesen Standpunkt, so fernliegend er von vorn herein auch zu sein scheint, führen indessen verschiedene Gesichtspunkte. Zunächst die eben angedeutete Schwierigkeit. Dann aber auch die Thatsache, dass es bei Annahme von fernwirkenden, der Gravitation ähnlichen Kräften ganz gleichgültig ist, ob man dem die Kraft ausübenden Körper Ausdehnung zuschreibt oder nicht, zumal man den Sitz der Kraft auch bei ausgedehnten Körpern mit deren Mittelpunkt zusammenfallen lässt. Dazu kommt noch, dass wir im Grunde genommen die Materie nur in ihren Kraftwirkungen wahrnehmen. Als einzigen Unterschied der Atome der einzelnen Elemente vermag man nur deren verschiedene Schwere anzugeben, wie sie sich in den verschiedenen Atomgewichten darstellt; was ist die Schwere aber anders als eine Kraftwirkung des Atoms? Daher ist es denn schliesslich nicht zu verwundern, dass manche Naturforscher wie Philosophen, z. B. Boscovich und Fechner, auf die Annahme einfacher, d. h. ausdehnungsloser und kraftbegabter Atome zurückgreifen. Dass aber bei dem Mangel an Vorstellbarkeit, der dem Kraftbegriff innewohnt, das Prinzip der Anschaulichkeit hiermit völlig verlassen wird, ist ohne weiteres klar. Wir können uns also dem Urteil Langes anschliessen, wenn er sagt: „Wer die Anschaulichkeit festhält, gerät auf den Prozess in infinitum; wer sie preisgiebt, verlässt den sicheren Boden, auf welchem bisher alle Fortschritte unserer Wissenschaften erwachsen sind. Zwischen dieser Scylla und Charybdis hindurch ist kaum ein sicherer Pfad zu finden.“

16. Blicken wir noch einmal zusammenfassend auf unsere Ausführungen zurück, so lässt sich unschwer erkennen, dass alle die fundamentalen Schwierigkeiten im Begriff der Kraft zunächst und dann auch im Begriff der Materie, sofern diese nur an ihren Kraftwirkungen erkennbar ist, schliesslich zurückführen auf ein grosses Rätsel, das der Kausalität. Dieser Umstand aber, dass eben alle Lücken und Mängel und Widersprüche nach diesem einen Punkte gravitieren, macht es wahrscheinlich, dass gerade diese Schwierigkeit jenseits der Grenze unseres Verstandes liegt, dass die Kausalität eine Form ist, in der sich unser Denken bewegt und von der sich das Denken selbst keine Rechenschaft ablegen kann. Will man es der Naturwissenschaft also nicht verübeln, wenn sie die Frage der Kausalität als ausserhalb ihres Bereiches liegend ansieht, so kann doch

die Philosophie, insofern sie, über den Einzelwissenschaften stehend, diese bis in ihre letzten Konsequenzen zu entwickeln hat und die Probleme dort aufgreift, wo jene sie liegen lassen, an ihr nicht achtlos vorübergehen, sei es auch nur, um zu dem angegebenen negativen Ergebnis zu kommen. Jedenfalls zeigt die Untersuchung, dass die Erkenntnis der letzten Gründe des Geschehens unserm Geiste dauernd verschlossen zu sein scheinen.

---

3. Die Entstehung des Weltalls und die Bildung der Erde.

1. Nachdem Kopernikus das Ptolemäische Weltsystem durch das heliocentrische ersetzt und Kepler mit wunderbarer Geistesschärfe die Bewegungsgesetze der Planeten entdeckt hatte, war die Beschreibung des Sonnensystems in den Grundzügen vollendet; aber es blieb nunmehr noch eine doppelte Aufgabe kausaler Art zu erledigen übrig. Zunächst: die verschiedenen Bewegungen auf eine gemeinsame Triebfeder zurückzuführen, und dann: die Entstehung dieser Bewegungen überhaupt zu erklären. Die erste Forderung erfüllte Newton durch die Annahme der Gravitation. Hier aber blieb er stehen; eine Entstehung des Sonnensystems aus rein mechanischen Ursachen war ihm ganz undenkbar, nur eine frei handelnde Macht, eine göttliche Intelligenz könne die Anordnung der Planeten zuwege gebracht und ihnen die für ihre Umläufe erforderliche Bewegung eingepflanzt haben.

In seinen Briefen an Bentley schreibt Newton: „Ein solches System mit allen seinen Bewegungen zu machen, erforderte eine Ursache, die da kannte und verglich die Menge der Materie in den verschiedenen Körpern der Sonne und der Planeten, die Gravitationskräfte, die hieraus entstanden, wie auch die verschiedenen Entfernungen der Hauptplaneten von der Sonne und die der Nebenplaneten vom Saturn, Jupiter und von der Erde, endlich die Schnelligkeiten, mit welchen diese Planeten sich um solche Quantitäten von Materie in den Centralkörpern bewegen konnten. Alle diese Dinge in einer so grossen Mannigfaltigkeit von Körpern mit einander zu vergleichen und übereinstimmend zu machen, fordert eine Ursache, die nicht blind und zufällig ist, sondern der Mechanik und Geometrie sehr gut kundig.“ — „Die Hypothese der Entstehung des Weltgebäudes vermöge mechanischer Prinzipien unter Annahme einer durch den Raum gleichmässig ausgebreiteten Materie ist mit meinem Systeme unvereinbar.“

2. Nur 50 Jahre später unternahm Kant, der grosse Weltweise von Königsberg, als erster den von Newton als hoffnungslos dargestellten Schritt. Die Gründe, die ihn dazu bestimmten, sind leicht einzusehen. Dem System Newtons haftete noch eine sichtliche Unvollkommenheit an: für die Keplerschen Gesetze und für die Newtonsche Gravitationsmechanik, für die die Weltkörper überhaupt nur als materielle Punkte in Betracht kommen, ist es ganz gleichgültig, in welchen Ebenen und nach welchen Richtungen die Planeten sich um die Sonne drehen und ob, bezw. in welchem Sinne eine Drehung um die eigene Achse erfolgt. Nun liegt aber die Sache thatsächlich so, dass die Planeten alle in derselben Richtung und nahezu in derselben Ebene um die Sonne kreisen, dass sie sich auch in demselben Sinne um ihre Achse drehen, dass das Gleiche von den Nebenplaneten gilt und dass ihre Bahnen sich nur wenig von Kreisen unterscheiden. Gründe genug, nach einem noch verborgenen Zusammenhang zu forschen.

In seiner „Allgemeinen Naturgeschichte und Theorie des Himmels“ sagt Kant: „Wenn man erwägt: dass 6 Planeten (Mercur, Venus, Erde, Mars, Jupiter, Saturn; 1755) mit 10 Begleitern, die um die Sonne, als ihren Mittelpunkt, Kreise beschreiben, alle nach einer Seite sich bewegen, und zwar nach derjenigen, nach welcher sich die Sonne selber drehet, welche ihrer alle Umläufe durch die Kraft der Anziehung regieret, dass ihre Kreise nicht weit von einer gemeinen Fläche abweichen, nämlich von der verlängerten Äquatorfläche der Sonnen, dass bei den entferntesten der zur Sonnenwelt gehörigen Himmelskörper, wo die gemeine Ursache der Bewegung dem Vermuten nach nicht so kräftig gewesen als in der Nahheit zum Mittelpunkte, Abweichungen von der Genauheit dieser Bestimmungen stattgefunden, die mit dem Mangel der eingedrückten Bewegung ein genugsames Verhältniss haben, wenn man, sage ich, allen diesen Zusammenhang erwäget: so wird man bewogen zu glauben, dass eine Ursache, welche es auch sei, einen durchgängigen Einfluss in dem ganzen Raume des Systems gehabt hat, und dass die Einträchtigkeit in der Richtung und Stellung der planetischen Kreise eine Folge der Übereinstimmung sei, die sie alle mit derjenigen materialischen Ursache gehabt haben müssen, dadurch sie in Bewegung gesetzet worden."

3. In dem erwähnten Werke geht Kant von der Annahme aus, dass das Weltall im Urzustande ein nebelartiges Chaos der Grundstoffe war, deren Teilchen sich gegenseitig anzogen. Entsprechend ihrer verschiedenen Natur und Dichte waren die einzelnen Elemente verschieden durch den Raum verteilt und in verschiedenem Masse anziehungsfähig. Daher mussten sich um die Teilchen grösserer Dichte als Anziehungsmittelpunkte dichte Klumpen bilden, die ihre Masse infolge der stetig wachsenden Anziehungskraft beständig vergrösserten. Die Bildung allzugrosser Klumpen wurde aber vereitelt durch die Abstossungskraft der kleinsten Teilchen, wodurch die zu ihren Anziehungspunkten hineilenden Elemente von der geradlinigen Bahn abgelenkt wurden und eine seitliche Bewegung erhielten, die sie in einer Kreisbewegung um die anziehende Sonne fortsetzten. In diesen Kreisbewegungen beeinflussten und störten sich die Teilchen so lange, bis die verschiedenen Bewegungen einander so wenig als möglich hinderlich waren, d. h. bis sich die Teilchen in parallelen Kreisen um eine gemeinsame Achse bewegten. Nach den Gesetzen der Centralbewegung müssen aber alle Bahnebenen den Anziehungsmittelpunkt enthalten. Daher konnte die Bewegung schliesslich nur in der Äquatorebene oder wenigstens in deren Nähe erfolgen. Alle übrigen Teilchen konnten sich in der Kreisbewegung nicht erhalten und vermehrten den Sonnenklumpen.

In diesen parallelen Kreisen bewegen sich die Teilchen, falls sie ungefähr gleichen Abstand von der Sonne haben, auch ungefähr gleich schnell, sind also zueinander in relativer Ruhe, so dass sich hier in derselben Weise, wie vorher der Centralkörper, Planeten bilden können, die natürlich die Umkreisung in der alten Richtung fortsetzen. Hiernach ersieht man, weshalb die Bewegung der Planeten ungefähr kreisförmig, in demselben Sinne und in derselben Fläche erfolgt.

Die Bahnen sind deshalb keine genauen Kreise, weil der Planet sich aus Teilchen bildet, die von der Sonne eine sehr ungleiche Entfernung und daher ungleiche Geschwindigkeit hatten; und sie weichen etwas von der allgemeinen Äquatorebene ab, weil sich auch die elementaren Teilchen noch zu beiden Seiten dieser Ebene befanden und der Planet sich nicht immer genau in der Mitte bildete. — Auf Grund dieser Voraussetzungen vermochte Kant noch die verschiedene Dichte der Planeten, ihre verschiedene Grösse, die verschiedene Excentricität ihrer Bahnen, die Bildung der Trabanten und manches Andere zu erklären. So führt er die Achsendrehung darauf zurück, dass die niederstürzenden Teilchen ihre Bewegung dem anziehenden Körper mitteilen. Was die Schiefe der Achse anbetrifft, so meint er, „dass die Umdrehung der Planeten um die Achse in dem ursprünglichen Zustand der ersten Bildung mit der Fläche ihrer jährlichen Bahn ziemlich genau übereingetroffen habe, und dass Ursachen vorhanden gewesen, diese Achse aus ihrer Stellung zu verschieben.“ Als Ursache nimmt er an, dass beim Festwerden der flüssigen Planeten eine ungleiche Verteilung der Massen um die Achse eingetreten sei, die die Verrückung der Achse zur Folge gehabt hätte. — Auch auf das ganze Weltall dehnt Kant seine Theorie aus, indem er die ganze Milchstrasse für einen ungeheuren Planetengürtel einer unbekannten Centralsonne hält und in den Ringnebeln selbständige Welten erblickt.

4. Kants Theorie war so gut wie verschollen; da entwickelte Laplace 40 Jahre später unabhängig von Kant in seiner „Exposition du système du monde“ seine Ansicht von der Bildung der Welten. Im Gegensatz zu Kant, der die Entstehung der seitlichen Bewegung auf die Wirkung abstossender Kräfte zurückführt, nimmt Laplace die Rotation des glühenden Gasballs als bereits bestehend an. Infolge der andauernden Verdichtung zieht sich die rotierende Masse immer mehr zusammen, wobei die Rotationsgeschwindigkeit sich steigern muss. Diejenigen Teilchen in der Äquatorebene, deren Geschwindigkeit zu gross wurde, d. h. deren wachsende Schwungkraft der Schwere das Gleichgewicht hielt, trennten sich von der sich weiter zusammenziehenden Hauptmasse los und kreisten in

Form eines selbständigen Ringes um den Kern, ein Vorgang, der sich im Laufe der Zeit wiederholte. Die gegenseitige Reibung der Teilchen bewirkte, dass die Bewegung sich innerhalb des Ringes möglichst gleichmässig gestaltete, d. h. dass die Teilchen sich mit gleicher Winkelgeschwindigkeit, die weiteren also schneller als die näheren bewegten. Da die Gasringe nicht vollständig regelmässig gebildet waren und sich auch nicht gleichmässig abkühlten, so zerfielen sie in einzelne Massen, die sich zu Kugeln (Sphäroiden) gestalteten und die Bewegung in derselben Richtung fortsetzten. Entweder blieb es hierbei, wie der Fall der Planetoiden zeigt, oder unter den Trümmern befand sich eine überwiegende Masse, die im Laufe der Zeit die übrigen anzog und mit sich vereinigte. Da die äusseren Teilchen des Ringes sich aber schneller als die inneren bewegten, so teilte sich das Übergewicht ihrer Bewegung den sich bildenden Planeten selbst mit und verlieh ihnen eine Drehung um die Achse in demselben Sinne, in dem sie um die Sonne rotierten. Bei ihrer weiteren Verdichtung sonderten die Planetenmassen neue Ringe oder Trabanten ab.

5. Nach zwei Seiten hin unternahm unter den neueren Forschern Helmholtz eine Ausgestaltung und Weiterbildung der Kant-Laplaceschen Theorie. Diese giebt nämlich keinen oder wenigstens keinen vor der heutigen Wissenschaft zureichenden Aufschluss über die Entstehung von Wärme und Licht. Auf Grund des Gesetzes von der Erhaltung der Energie folgert Helmholtz, dass unser Sonnensystem bereits im Zustande des nebelartigen Chaos den ganzen Kraftvorrat besitzen musste, der in ihm nachmals seine Wirkungen bethätigen sollte. Dieser Kraftvorrat bestand hauptsächlich in der durch die gegenseitige Anziehung der Massenteilchen bedingten potentiellen Energie, die sich bei der Annäherung der Teilchen in lebendige Kraft und bei ihrem Zusammenprall in Wärme umsetzen musste.

Einzig und allein gestützt auf die Annahme, dass die Massen des Sonnensystems anfangs nebelartig im Raume verteilt gewesen seien, vermochte Helmholtz zu berechnen, dass nur der 443te Teil des ursprünglichen Vorrats an mechanischer

Kraft noch als solche vorhanden, der Rest in Wärme umgewandelt sei.

Des weiteren sucht Helmholtz die bereits von Kant angeschnittene Frage nach der Zukunft unseres Planetensystems zu beantworten. In Übereinstimmung mit Kant, aber infolge der Fortschritte der Wissenschaft mit grösserer Sicherheit, spricht Helmholtz dem Planetensystem die Beständigkeit ab.

Von zwei Seiten droht der Untergang. Zwar gleichen sich die Störungen, die die Planeten aufeinander ausüben, wie Laplace gezeigt hat, im Lauf der Zeit aus. Aber wenn das Weltall mit einem Stoff erfüllt ist, der den Planetenbewegungen einen bis jetzt freilich nicht merkbaren Widerstand entgegensetzt, so entgehen die Planeten wenn auch erst nach undenklichen Zeiten nicht der Vernichtung. Sollte sich aber auch die obige Voraussetzung als irrig erweisen, so bleibt noch der Einfluss von Ebbe und Flut, die mit Reibung geschehen und daher eine Abnahme der lebendigen Kraft der Achsendrehung, d. h. deren Verlangsamung bedingen. Aber auch von einer anderen Seite her ist die Beständigkeit alles Lebens und aller menschlichen Kultur in Frage gestellt. So unermesslich auch der Wärmevorrat der Sonne zu sein scheint und in so reichem Masse auch die Wärme durch die voraussichtlich andauernde Zusammenziehung der Sonne sich erneuert — würde doch, wenn der Sonnendurchmesser sich nur um den 10 000ten Teil verkleinerte, dadurch hinreichend Wärme erzeugt werden, um die Ausgabe auf 2100 Jahre zu decken —, so lässt sich dennoch einsehen, dass der Vorrat doch nicht unerschöpflich ist und sich dermaleinst erschöpfen muss, freilich nach Zeiträumen, gegen die die geschichtliche Zeit der Menschheit ganz verschwindet.

6. Wenn wir nunmehr die Kant-Laplacesche Theorie auf ihre Brauchbarkeit und Zuverlässigkeit hin einer kritischen Musterung unterziehen, so ist zunächst hervorzuheben, dass die mächtig fortschreitende Wissenschaft keine Entdeckung gezeitigt hat, die, in offenem Widerspruch mit der Theorie stehend, ein Aufgeben der Grundidee gefordert hätte; im Gegenteil haben die Fortschritte der Astrophysik zu deren Stärkung beigetragen.

Dahin gehört die durch das Spektroskop ermöglichte Feststellung, dass auf der Sonne und den Fixsternen sich im grossen und ganzen dieselben Stoffe finden, wie auf der Erde, ein Umstand, der den gemeinsamen Ursprung des Weltgebäudes erst recht wahrscheinlich macht. Dann aber zeigt das Spektroskop auch, dass eine Reihe von Nebelflecken, die sich selbst in dem stärksten Fernrohr nicht in Sternhaufen auflösen wollten, in der That aus glühenden Gasmassen bestehen.

7. Die Theorieen im einzelnen zu kritisieren, kann allerdings hier nicht der Ort sein, zumal sie ja auch nicht im einzelnen dargelegt worden sind. Selbstverständlich ist, dass bei einem so gewaltigen Problem die ersten Versuche sich noch in zu grossen Zügen, in zu groben Umrissen bewegen, dass die Deduktion aus der Hypothese noch zu roh und unfertig (bei Helmholtz zeigt sich schon der Fortschritt), zu wenig mathematisch erscheint und daher die zu erklärenden Erscheinungen zu wenig quantitativ ergiebt.

Nirgends findet sich z. B. der Versuch, aus der Theorie zu deduzieren, dass die Neigung der Erdachse gerade $66\frac{1}{2}^{\circ}$ sein müsse. Auch die rückläufige Bewegung der Uranus- und Neptunmonde setzt der Erklärung noch grosse Schwierigkeiten entgegen. Kant sagt selbst von seiner Theorie: „Überhaupt kann die grösste geometrische Schärfe und mathematische Unfehlbarkeit niemals von einer Abhandlung dieser Art verlangt werden. Wenn das System auf Analogieen und Übereinstimmungen, nach den Regeln der Glaubwürdigkeit und einer richtigen Denkungsart, gegründet ist, so hat es allen Forderungen seines Objekts genug gethan."

8. Die Schwierigkeit besteht für die Theorie hauptsächlich darin, dass man aus der gegenwärtigen Einrichtung des Weltgebäudes, die ja, wenn wir von unserem Planetensystem absehen, nicht einmal völlig erkannt ist, Rückschlüsse zu machen haben auf den geschichtlichen Verlauf der Weltenbildung, Rückschlüsse, die mit absoluter Sicherheit überhaupt nicht gezogen werden können.

Das erschwert aber ausserordentlich die Verifikation der Hypothese, zumal der Verlauf der Erscheinungen experimentell nicht nachgeahmt werden kann. (Die Rotation der Ölkugel in dem Alkohol-Wasser-Gemisch kann doch wohl nur als eine recht schwache Nachahmung bezeichnet werden.) Indessen würde es sehr für die Theorie sprechen, wenn es uns gelänge, die gleiche

Entwickelung, die wir bei unserem eigenen Planetensystem annehmen, am Himmel bei irgend einem Nebelfleck mit hinreichender Deutlichkeit sich wiederholen zu sehen. Eine solche Beobachtung würde wenigstens einen Schluss aus der Analogie gestatten. Man kann ja freilich am Himmel Weltkörper in allen möglichen Entwickelungsstufen beobachten, aber diese Zustände als Entwickelungsstufen auffassen, heisst doch eben schon streng genommen nichts anders, als die Theorie bereits voraussetzen.

9. Wenn also die dargestellten Theorieen als ein bedeutsamer und vielverheissender Anfang unserer Einsicht in das Weltgetriebe erscheinen, so dürfen wir doch den Blick nicht vor einigen Schwierigkeiten verschliessen von so fundamentaler Art, dass auch der weitgehendste Fortschritt des Wissens ihre Beseitigung nicht erhoffen lässt. Es ist wiederum der Unendlichkeitsbegriff, der unserem Verstande die Schranke zieht.

Selbstverständlich ist, dass die Schwierigkeiten, die in den Grundbegriffen der Naturwissenschaft, dem der Kraft und der Materie, liegen, sich auch hier geltend machen. Wichtiger, dass die Theorieen die Weltenbildung nicht erschöpfend erklären und auch nicht erklären können. Kant nimmt als Urzustand die einen Augenblick ruhende kosmische Wolke an, ohne auf die Ursache der verschiedenen Anordnung der Elemente im Chaos und der Verschiedenheit der Elemente selbst näher einzugehen. Andere Stellen lassen vermuten, dass er sich die Wolke aus der Zertrümmerung vorhandener Welten entstanden denkt. Laplace setzt die Rotation des Nebelfleckes voraus. Beides führt auf den Begriff der Unendlichkeit, der unserm Geist, zumal unserer Vorstellung unüberwindliche Schwierigkeiten bereitet.

10. Anhangsweise mögen auch die wichtigsten Ansichten über die Entwickelung unseres eigenen Erdballs erwähnt werden. Ungefähr zu gleicher Zeit, gegen das Ende des 18. Jahrhunderts, entstanden die sich später heftig befehdenden Theorieen des Neptunismus und Vulkanismus. Die erstere führt die Gestaltung der Erdoberfläche, die Bildung ihrer Berge und Thäler auf die ablagernde und auswaschende Thätigkeit des Wassers zurück; die letztere hingegen erkennt in der vulkanischen Thätigkeit des noch heissflüssigen Erdinnern die gestaltende Ursache.

Bei strenger Durchführung seiner Lehre musste Werner annehmen, dass das Wasser in verschiedenen Abschnitten der Erdgeschichte gestiegen sei und die Länder bedeckt habe, dass ferner der die Kuppen vieler Gebirge bildende Basalt ein Sedimentgestein und zwar das jüngste sei, wogegen allein schon die Beschaffenheit dieses Gesteins spricht. An der „Basaltfrage“ scheiterte schliesslich der Neptunismus. Hutton, der Vater des Vulkanismus, lässt zwar die geschichteten Gesteine aus dem Wasser hervorgehen, doch hält er die Mitwirkung der Erdwärme für notwendig und schreibt die Erhebung und Aufrichtung der Gebirge vulkanischen Kräften zu.

11. Die Fortschritte der Versteinerungskunde (Paläontologie) hatten mittlerweile gezeigt, dass jede einzelne der aufeinander folgenden Schichtgruppen oder Formationen der Erdrinde sich durch Versteinerungen auszeichnet, die ihr allein eigentümlich sind. Hierauf gründete Cuvier seine Katastrophenlehre, wonach jedes der einzelnen Zeitalter eine eigentümliche Tier- und Pflanzenwelt besass und durch eine gewaltige Katastrophe abgeschlossen wurde.

Zu Beginn einer jeden neuen Periode entstanden durch Neuschöpfungen anders gestaltete Tier- und Pflanzengeschlechter, und während eines jeden Zeitalters veränderte das Wasser durch Ablagerung und Auswaschung das Antlitz der Erde. — Die Cuviersche Lehre scheiterte, abgesehen von der Ungeheuerlichkeit der Katastrophen selbst, an dem weiteren Fortschritt der Paläontologie, wonach die Versteinerungen der Formationen nicht sprungweise von einander abgegrenzt sind, sondern allmählich ineinander übergehen.

12. Das Streben, die Gestaltung der Erdoberfläche durch keine verborgenen Kräfte oder solche anderer Art und Stärke als die heutigen zu erklären, führte Lyell 1830 auf seine Lehre, die im grossen und ganzen noch heute zu Recht besteht. Als gestaltende Ursachen nimmt Lyell nur die auch heute noch thätigen Kräfte an, deren geringe Einzelwirkungen sich im Laufe der Zeit summieren.

Als solche Ursachen erkennt er an: die langsame Hebung und Senkung des Erdbodens, die Einwirkung der Atmosphäre, Schwankungen der Wärme, Auswaschung durch fliessendes Wasser und Küstenbrandung. Natürlich bedurfte Lyell zu seiner Erklärung sehr grosser Zeiträume, die sich auf Tausende und Millionen von Jahren erstrecken. — Wenn es richtig ist, dass die Erde ursprünglich ein glühend-flüssiger Ball war und sich jetzt im Zustande der Abkühlung befindet, so wird man bei aller Anerkennung des Lyellschen Grundgedankens doch die Ansicht nicht abweisen können, dass eine im Laufe der Erdgeschichte stattgehabte Änderung in der Intensität der wirkenden Kräfte möglich, ja sogar wahrscheinlich ist.

II. Die Erklärung der Lebenserscheinungen mit Ausschluss der psychischen Erscheinungen.

1. Eigenart der Lebenserscheinungen.

1. Von den bisherigen Betrachtungen sind mit Absicht die Lebewesen ausgeschlossen worden. Denn die Erscheinungen, die sich am und im lebenden Organismus abspielen, sind so eigenartiger und verwickelter Natur, dass es zweckmässig erscheint, sie für sich zu betrachten, wie ihnen ja auch ein besonderer Wissenschaftszweig, die Biologie, mit ihren Unterabteilungen, der Anatomie und Physiologie, gewidmet ist.

Die Verwickeltheit der Lebenserscheinungen steht in geradem Gegensatz zu der überraschenden Einfachheit in der Anordnung und den Bewegungen der Himmelskörper; so erklärt sich Kants Ausspruch, „dass eher die Bildung aller Himmelskörper, die Ursache ihrer Bewegungen, kurz der Ursprung der ganzen gegenwärtigen Verfassung des Weltbaues werde eingesehen werden können, ehe die Erzeugung eines einzigen Krauts oder einer Raupe aus mechanischen Gründen deutlich und vollständig kund werden wird.“ Ja es erscheint ihm sogar „ganz gewiss, dass wir die organischen Wesen und deren innere Möglichkeit nach bloss mechanischen Prinzipien nicht einmal hinreichend kennen lernen, viel weniger uns erklären können, und zwar so gewiss, dass man dreist sagen kann, es ist für Menschen ungereimt, auch nur einen solchen Anschlag zu fassen oder zu hoffen, dass noch dereinst ein Newton aufstehen könne, der auch nur die Erzeugung eines Grashalmes nach Naturgesetzen, die keine Absicht geordnet hat, begreiflich machen werde; sondern man muss diese Einsicht dem Menschen schlechterdings absprechen.“

2. Es gilt also zunächst, die für alle Lebewesen charakteristischen Kennzeichen des Lebens festzustellen. Als ein solches

Merkmal des vielgestaltigen Lebens erkennen wir zuvörderst: den beständigen Wechsel des Stoffes im lebenden Körper bei Erhaltung der äusseren und inneren Form.

Man könnte also das Leben auffassen als einen Gleichgewichtszustand zwischen ständig zerstörenden und ständig aufbauenden Kräften, als einen Gleichgewichtszustand, der sich innerhalb enger Grenzen erhält, falls nicht Krankheit oder Tod eintreten, die ja selbst nicht anders definiert werden können denn als Abweichung von dem normalen Gleichgewichtszustand oder dessen gänzliches Erlöschen.

Die Definition des Lebens als eines Stoffwechsels befriedigt aber nicht völlig nach zwei Seiten hin; denn einmal hört mit dem Tode nicht der gesamte Stoffwechsel plötzlich auf, und andererseits giebt es kleine Lebewesen, wie die Rädertierchen und Getreideälchen, die bei völliger Eintrocknung noch Jahre lang (erstere 11, letztere 28 Jahre) lebensfähig bleiben, wobei es denn zweifelhaft ist, ob man ihnen in der Zwischenzeit noch Leben zusprechen darf. Auch will diese Definition nicht recht passen auf das sogenannte Keimleben, d. h. auf die Thatsache, dass Pflanzensamen oft Jahrhunderte ausdauern können, ohne die Keimfähigkeit zu verlieren. So sind Samen, die in römischen Gräbern 1500 Jahre lang trocken gelegen hatten, noch zum Keimen gebracht worden.

Auch die anorganischen Körper werden durch zerstörende Kräfte, meistens allerdings nur von aussen, angegriffen, besitzen aber nicht die Fähigkeit, das Verlorene wieder zu ersetzen, während bei den Lebewesen das Gleichgewicht trotz der so unendlich vielen und verschiedenartigen Einzelerscheinungen gewahrt bleibt. Hierzu trägt in den meisten Fällen eine Ernährungsflüssigkeit bei, die den ganzen Organismus durchdringt und sich bei den höheren Tieren und den Menschen in geregelten Blutbahnen bewegt. Eine Folge des Stoffwechsels ist die Körperwärme.

3. Die Untersuchung der Lebewesen hinsichtlich ihrer chemischen Zusammensetzung hat keinen chemischen Grundstoff ergeben, der nicht auch in den Verbindungen der leblosen Natur vorkäme; im wesentlichen sind es die Elemente Kohlenstoff, Wasserstoff, Sauerstoff und Stickstoff, sowie auch Schwefel und Phosphor, die die Hauptmasse des Leibes aller Organismen ausmachen. Aber diese Elemente erscheinen hier grösstenteils in so komplizierten Verbindungen, wie wir sie in der an-

organischen Natur nicht antreffen, und diese Verbindungen sind nur so lange beständig, als sie sich im Kreislauf des Lebens selbst befinden.

Der Unterschied zwischen den anorganischen Stoffen und den Verbindungen, die sich nur in den organischen Körpern durch deren Lebensthätigkeit bilden, ist so scharf, dass er zu einer vollständigen Scheidung der Chemie in einen organischen und einen anorganischen Zweig geführt hat. Allgemein aber strebt man darnach, auch die Stoffe, die sich unter natürlichen Verhältnissen nur in den Organismen selbst bilden, künstlich darzustellen, was früher für unmöglich gehalten wurde, bis Wöhler die künstliche Darstellung des Harnstoffes gelang. Seitdem hat man gelernt, eine ganze Reihe von organischen Verbindungen in der Retorte des Chemikers hervorzubringen. — Dem Lebensprozess entrissen, gehen die organischen Verbindungen unter dem Einfluss des Sauerstoffs bei ihrer Verwesung und Fäulnis allmählich in die einfacheren Verbindungen der anorganischen Welt, hauptsächlich in Kohlendioxyd, Ammoniak und Wasser über.

4. Die genauere Untersuchung des Baues der Lebewesen hat gelehrt, dass sie sich sämtlich aus Zellen zusammensetzen oder aus einer einzigen Zelle bestehen. Eine in den Zellen vorhandene eiweissähnliche Substanz, das Protoplasma, hat man insofern als den Träger des Lebens erkannt, als es in allen Lebewesen, wenn auch in wechselnder Zusammensetzung, vorhanden ist und nur bei seiner Anwesenheit die Kennzeichen des Lebens, vor allem Wachstum und Stoffwechsel, möglich sind.

Huxley nennt das Protoplasma als den allen Lebewesen gemeinsamen Lebensstoff die physische Grundlage des Lebens. In den überaus meisten Fällen sind es gekernte Protoplasmamassen, die alle Erscheinungen des Lebens, innere Bewegung, Wachstum und Vermehrung, Verarbeitung aufgenommener Stoffe, Ausscheidung von Zellwänden und Gerüsten, zeigen. Das gilt gleicherweise von den Pflanzen wie von den Tieren; auch der menschliche Körper macht davon keine Ausnahme. Während aber bei den niedersten Lebewesen der ungegliederte und gleichartige, vielfach auch kernlose Protoplasmaleib den verschiedensten Lebensverrichtungen dient, tritt auf den höheren Stufen eine immer weiter gehende Arbeitsteilung ein, die sich durch verschiedene Entwickelung und Gestaltung der einzelnen Protoplasmamassen kennzeichnet. Tiere und

Pflanzen unterscheiden sich dadurch, dass letztere frisches Protoplasma aus unorganischen Stoffen zu erzeugen imstande sind, während die Tiere es sich von den Pflanzen oder anderen Tieren in fertigem Zustande verschaffen müssen.

5. Des ferneren ist für die Lebewesen charakteristisch, dass der erwähnte Gleichgewichtszustand nicht ewig andauert, sondern dass ihm eine Zeit des Wachstums, der Entwickelung vorangeht, während er mit einem allmählichen oder plötzlichen Erlöschen, dem Tode, abschliesst.

Unter normalen Verhältnissen entwickeln sich die Lebewesen, von geringen Abweichungen abgesehen, zu einer ganz bestimmten äusseren und inneren Form, indem durch den ganzen Körper hindurch ein Ausbau und eine Vervielfältigung der Zellen stattfindet. Auch die anorganischen Körper nehmen unter Umständen eine bestimmte Form an, wie die Kristalle. Dann aber sind sie meist von ebenen Flächen begrenzt, und das Wachstum erfolgt nur von aussen, indem sich immer neue Schichten des Stoffes regelmässig ansetzen.

6. Die Begrenztheit der Lebensdauer findet ihre Ausgleichung in der beständigen Vermehrung der Einzelwesen. Diese führt zur Bildung neuer Lebewesen, die dem elterlichen Typus innerhalb sehr enger Schranken gleichen, ohne dass man aber Gestalt und Eigenschaften des Sprösslings etwa als das arithmetische Mittel aus den Formen und Eigenschaften der Eltern bezeichnen könnte.

Die Thatsache, dass die Nachkommen den Eltern bis zu einem gewissen Grade ähnlich sind, nennt man Vererbung. Die Ähnlichkeit ist um so grösser, je mehr die neuen Organismen einen wesentlichen Teil des elterlichen Organismus bildeten, wie bei der Vermehrung durch einfache Teilung oder durch Knospung und Sprossung. Vergl. damit die Eigentümlichkeit mancher Kulturgewächse, ihre von der Stammform abweichenden Eigenschaften nur bei der Vermehrung durch Absenker oder Stecklinge zu vererben, während sie bei der geschlechtlichen Vermehrung in die Stammform zurückschlagen. Bei der letzteren Art der Vermehrung kommt es vor, dass die Vererbung einzelner Eigenschaften ganz aussetzt oder auch eine oder mehrere Generationen überspringt. Man unterscheidet zwischen Vererbung von Eigenschaften, die selbst ererbt, und solcher, die erst erworben worden sind. Unter Variabilität oder Veränderlichkeit versteht man das Abweichen der Nachkommen von dem elterlichen Typus.

7. Schliesslich wäre als Kennzeichen der Tierwelt und des Menschen noch die Fähigkeit der Ortsbewegung (im Gegensatz zu der inneren Bewegung, die allen Lebewesen eigentümlich ist) und der Empfindung zu erwähnen.

Die Betrachtung dieser Lebenserscheinungen bleibt einem späteren Abschnitt vorbehalten.

Zurückblickend vermögen wir mit Huxley in der lebendigen Welt eine dreifache Einheit zu erkennen: die Einheit des Vermögens oder der Fähigkeit, wie sie sich in der Erhaltung und Entwickelung des Leibes, der (inneren) Bewegung und Fortpflanzung äussert, die Einheit der Form, die den Leib als aus gekernten Protoplasmamassen zusammengesetzt erscheinen lässt, und die Einheit der materiellen Zusammensetzung.

---

2. Kausale und teleologische Naturerklärung.

1. Die kausale Deutung, d. h. die Erklärung der Naturerscheinungen aus Ursachen nach mechanischen Gesetzen, die wir als die herrschende kennen gelernt haben in dem Gebiet der leblosen Natur, ist in dem Reiche der Lebewesen nicht die einzige, ja nicht einmal die ursprüngliche. Lange bevor man an die schwierige Aufgabe herantrat, die Lebensvorgänge als Folgen mechanisch wirkender Ursachen darzustellen, fiel auch dem weniger sorgfältigen Beobachter schon die Zweckmässigkeit auf, die sich in der Einrichtung der Lebewesen zeigt und die von der immer weiter dringenden Forschung nur noch klarer und deutlicher bestätigt werden konnte.

Auch in der anorganischen Natur lassen sich mit Leichtigkeit Einrichtungen und Erscheinungen aufweisen, die insofern als zweckmässig bezeichnet werden können, als sie erst die Mannigfaltigkeit und den Bestand des bunten Naturgetriebes ermöglichen. Dazu gehört z. B. die eigentümliche Anordnung der Planeten in unserm Sonnensystem, deren gegenseitige Störungen sich nach Laplace derart periodisch ausgleichen, dass der Bestand des ganzen Systems gesichert ist. Auf physikalischem Gebiet ist die merkwürdige Ausnahmestellung des Wassers zu erwähnen, wonach es sich von 0° bis 4° zusammenzieht und erst von 4° an sich ausdehnt, bei dieser Temperatur also die grösste Dichte erreicht. Ohne diese Eigenschaft würden die stehenden Gewässer in jedem Winter durch und durch gefrieren, was den Untergang der darin befindlichen Lebewelt und vielleicht auch eine Anderung des Klimas zur Folge hätte. Die grosse Schmelzwärme des Wassers aber behütet uns vor verheerenden Überschwemmungen, und die Verdampfungswärme trägt zu einer Ausgleichung der Klimate bei.

2. Weit überzeugender und wunderbarer aber erscheint die Zweckmässigkeit in der pflanzlichen Organisation.

Von den zahllosen Beispielen aus der Gestaltung und dem Leben der Pflanzen, wofür Kerner von Marilauns „Pflanzenleben“ eine wahre Fundgrube bildet, seien hier nur einige erwähnt. So die Einrichtung, dass die Blätter vieler Pflanzen so angeordnet und gerichtet sind, dass sie die niederfallenden Regentropfen gerade dorthin leiten, wo sich die feinen Saugwurzeln befinden, die Regelung der Wasserverdunstung in den Blättern und des hiervon abhängigen Wasserauftriebs in dem Stamm durch die Thätigkeit der Schliesszellen in den Spaltöffnungen der Blätter, der Schutz gegen übermässige und gefahrdrohende Verdunstung durch die Verdickung der Zellwände an der Oberhaut der Blätter, sowie durch die Vernarbung der Bruchstellen vor dem Abfall des Laubes, die Aufspeicherung von Nahrungsstoffen in Samen, Knollen, Stamm für die Ausbildung der Triebe im Frühjahr. „Wie bei der Errichtung menschlicher Behausungen handelt es sich bei der Herstellung pflanzlicher Gebäude um eine Heimstätte für lebendige Wesen, um Sicherung dieser Heimstätte gegen die Unbilden der Witterung und andere Fährlichkeiten, welche die Existenz der Inwohner vernichten könnten, zugleich aber auch um die Möglichkeit, dass die Lebewesen in der gegründeten Ansiedelung Nahrung von aussen aufnehmen, atmen, die Nährstoffe verarbeiten und sich weiter bilden können. Wo sehr zahlreiche Protoplasten (selbständige Protoplasmamassen) in einem Pflanzenstocke hausen, und wo dem entsprechend eine Teilung der Arbeit stattgefunden hat, gliedert sich der ganze Bau naturgemäss in Räume, wo an Luft und Licht kein Mangel ist, in Vorrichtungen zur Ventilation, in Gas- und Wasserleitungen und in Kammern zur Aufspeicherung von Nahrung, endlich handelt es sich um verschiedene Verbindungen im Innern und Schutzwehren nach aussen, um die Sicherung der Festigkeit im Bereiche des ganzen Baues, um ein widerstandsfähiges Grundgerüst und um die nötigen Stützen für die einzelnen Teile. Jeder Teil nimmt die seiner Aufgabe entsprechende Lage ein, die lichtbedürftigen Teile sind den Sonnenstrahlen ausgesetzt, die Gas- und Wasserleitungen beginnen und endigen, wie es für die gegebenen Verhältnisse am vorteilhaftesten ist, und die Pfeiler und Tragbalken erscheinen dort angebracht, wo etwas zu stützen, zu tragen und vor dem Zusammenbrechen zu sichern ist. Solche Gebilde machen so wie die aus Menschenhand hervorgegangenen Gebäude den Eindruck der Zweckmässigkeit, ja sie übertreffen diese häufig in anbetracht der zweckmässigen Einteilung."

3. Und eine ebenso zweckvolle Einrichtung ist dem tierischen und menschlichen Körper eigen.

Dies erkennen wir z. B. recht deutlich an den Einrichtungen des vielgestaltigen Insektenkörpers, wie sie uns V. Graber schildert. „Die Kerfmandibeln (Oberkiefer) sind nicht bloss Werkzeuge der Zerstörung, sie werden, zumal von den kunstgeübten Aderflüglern auch zu den mannigfaltigsten häuslichen Arbeiten benutzt, teils zum Schleppen von Lasten, teils als Spaten und Pickelhacken, teils wieder als Maurerkellen und Modellierinstrumente zum Bauen und Formen in Holz, Lehm und Wachs, sowie als Scheren zu den elegantesten Laubschnitzereien." Besonders kunstreich erscheint der Bau der Mundwerkzeuge bei den Bienen. „Die Biene kann mit ihrer Kinnbackenzange nicht bloss kauen und nagen, und dies, wie wir an ihren Wachszellen sehen, besser als irgend ein privilegiertes Kaukerf; sie kann zugleich auch saugen, indem aus jenen Bestandteilen des Kaukerfgebisses, welche sonst beim Kaugeschäft eine in mancher Beziehung sehr untergeordnete Rolle spielen, nämlich aus der Unterlippe und aus den Unterkiefern, ein neues Organ, oder richtiger deren zwei, nämlich eine Leckzunge und ein Saugrüssel hervorgegangen ist. — Soviel ist gewiss, dass der Bienenmund weitaus die vollendetste Einrichtung ist, welche irgend einem Tiere zur Aufnahme der Nahrung zu teil ward." Auch die Insektenaugen erregen unsere Bewunderung. „Und so stehen denn die Insekten, diese Muster- um nicht zu sagen Wunderwerke organischer Bildung, auch hinsichtlich des vornehmsten Orientierungsapparates ganz einzig da: es malt sich in ihren tausendfältigen Netzaugen und zwar mit unendlicher Schärfe und Präzision in weitem Umkreise die äussere Welt ab; mit ihren lupenartigen Kleinaugen nehmen sie aber gleichzeitig auch das geringste Stäubchen wahr, das unmittelbar vor ihren Füssen liegt.“

Aus dem Gebiet der übrigen Tierwelt mögen als Beispiele genügen: der wunderbar sinnreiche Bau des Spinnapparats einer Spinne, die den optischen Gesetzen entsprechende stärkere Krümmung der Linse in dem Auge vieler Wassertiere, wie Quallen, Würmer, Kopffüsser und Fische, der als Greif- und Saugorgan dienende Rüssel des Elefanten, der einen Fallschirm und eine Balancierstange darstellende Schwanz des Eichhörnchens, die schaufelförmigen Grabbeine des Maulwurfs und der Maulwurfsgrille.

Gleiches gilt vom Bau des menschlichen Körpers. Ein Beispiel möge genügen. „Man nehme das Auge. Da haben wir zuerst die Netzhaut mit den Endigungen der Fasern des optischen Nerven, erstaunlich komplizierte Gebilde, wie das Mikroskop zeigt, geeignet, von jenen leisesten Erschütterungen, den Lichtwellen, erregt zu werden und ihre Erregung durch die Nervenfasern dem Gehirn zuzuführen. Die allgemeine Lichtempfindlichkeit würde aber zur Orientierung in der Wirklichkeit wenig nützlich sein, wenn nicht scharf umrissene Bilder der Objekte auf die Retina geworfen würden. Dies bewirkt der vorgelagerte optische Apparat: durch Hornhaut, Linse, Glaskörper werden die einfallenden Lichtstrahlen so gebrochen, dass sie ein scharfes, verkleinertes, umgekehrtes Bild des Gegenstandes auf die Netzhaut zeichnen. Der bewegliche Schirm der Iris mit der zentralen Öffnung der Pupille, der die trübenden Strahlen, die durch den Rand der Linse gehen würden, abhält, die Auskleidung der Augenhöhle mit schwarzem Pigment, ein kompliziertes Muskel- und Nervensystem, wodurch dem Auge die Accommodation an verschiedene Entfernung der Objekte, sowie allseitige Beweglichkeit in der Augenhöhle verliehen wird, vollenden seine Brauchbarkeit. Endlich ist das ganze so wichtige Organ aufs sorglichste verwahrt; eingebettet in eine Knochenhöhle des Schädels, wird es noch durch Lider, Wimpern, Brauen gegen allerlei zufällige Schädlichkeiten geschützt.“ (Paulsen.)

4. Weit wunderbarer aber, als dass die Organe des pflanzlichen und tierischen Leibes so vortrefflich ihren Verrichtungen angepasst sind, erscheint die Thatsache, dass sich der Körper der Lebewesen erst im Laufe des Lebens selbst aus einfachen Anfängen zu jener zweckmässigen Form entwickelt und trotz des beständigen Stoffwechsels in dieser Form verharrt.

Die ganze Entwickelung scheint also von vorn herein auf ein ganz bestimmtes Ziel gerichtet zu sein, das unter normalen Verhältnissen ja auch erreicht wird. Diese Richtung auf ein Ziel entspricht aber so sehr der Art und Weise, wie wir Menschen selbst bei unseren willkürlichen Handlungen verfahren, dass man auch den Lebewesen einen, natürlich unbewussten, Willen zuschrieb, durch den die verschiedenen im Körper wirkenden Kräfte in der Richtung auf das Ziel geleitet würden (Animismus). Oder man dachte an eine nur dem lebenden Körper eigentümliche, von den eigentlichen physikalischen und chemischen Kräften verschiedene und über ihnen stehende „Lebenskraft", deren richtendem und ordnendem Einfluss das geregelte Zusammenspiel jener Kräfte zu verdanken sei (Vitalismus). Der Animismus indessen kann höchstens als eine Form des Glaubens in Betracht kommen, da selbst unser eigenes Bewusstsein, von dem doch schliesslich ausgegangen werden muss, von einem Einfluss des Willens auf die Gestaltung des Leibes nichts weiss. Der Vitalismus aber scheint eher ein Zeugnis für unsere Unwissenheit in diesen Dingen als eine Erklärung derselben zu sein. Die Anhänger des Vitalismus können sich nicht etwa darauf berufen, dass ja auch die Schwerkraft unserem Verständnis unüberwindliche Schwierigkeiten bereite. Der Begriff der Schwerkraft ist nur deshalb ein vorzügliches Hülfsmittel zur Erklärung vieler Erscheinungen, weil letztere sich aus dem mathematisch formulierten Gesetz der Schwerkraft mit Sicherheit ableiten lassen. Solange aber die „Lebenskraft" nur gebraucht wird, um in allen Fällen, in denen wir die wirkenden Einzelkräfte nicht kennen, als Ersatz zu dienen, solange man sie noch nicht näher bestimmen kann, solange hat sie auch keinen Anspruch auf wissenschaftliche Wertschätzung.

5. Eine Naturdeutung, die die Natur und vor allem die Lebewesen nach den darin verwirklichten Zwecken betrachtet, nennt man teleologisch. Diese Art der Naturanschauung scheint in einem gewissen Gegensatz zur kausalen Erklärung zu stehen. Die kausale Auffassung betrachtet die Naturerscheinungen als Wirkungen zu erforschender Ursachen, sucht diese letzteren wiederum als Wirkungen noch weiter zurückliegender Ursachen zu erkennen und strebt also darnach, nach rückwärts die letzten Ursachen zu enthüllen. Ihr Ideal wäre erreicht, wenn man von diesen ursprünglichen Ursachen aller

Dinge in fortschreitender Kette von Ursachen und Wirkungen alle Naturerscheinungen in Gegenwart, Vergangenheit und Zukunft ableiten könnte. Die teleologische Anschauung hingegen sieht die Naturerscheinungen als Mittel an, die zur Erreichung bestimmter Zwecke dienen, sie erforscht also die Entwickelung in aufsteigender Linie und sucht den Endzweck aller Dinge zu ergründen. Wäre sie vollendet, so würden sich alle Geschehnisse vom Uranfang an als auf ein Endziel gerichtet darstellen. Dieselbe Entwickelungsreihe unterliegt also beiden Betrachtungsweisen, von denen aber die kausale mehr den Anfang, die teleologische hingegen mehr das Ende der Entwickelung hervorhebt; in ihrer Vollendung würden sich beide decken.

Das zeigt sich noch deutlicher bei folgender Überlegung. Jeder Abschnitt einer Entwickelungsreihe lässt sich in kleinere Abschnitte a b, b c, c d, d e, e f zerlegen, sodass a die unmittelbare Ursache von b, b die von c u. s. w. ist. a wird dann als die ursprüngliche Ursache von f aufgefasst. Nach der teleologischen Auffassung ist die Folge der Ereignisse von a aus so gerichtet, dass schliesslich der Zweck f erreicht wird; ebensogut kann aber auch e als Mittel zu diesem Zweck und e selbst wieder als Zweck angesehen werden, der durch d als Mittel erreicht wird, u. s. w. Demnach können wir auf dieselbe Reihe von Erscheinungen, die wir kausal zu verknüpfen suchen, ebensogut die teleologische Betrachtung anwenden. Mit der Teleologie in diesem weiteren Sinne als der Lehre von der Entwickelung der Dinge von gegebenen Anfängen nach bestimmten Richtungen konnte sich sogar Huxley befreunden, indem er von der Annahme ausging, „dass die ganze belebte und nicht belebte Welt das Resultat wechselseitiger, bestimmten Gesetzen entsprechender Gegenwirkung der Kräfte der Moleküle sei, aus denen der ursprüngliche Nebel des Weltalls zusammengesetzt war. Wenn dies wahr ist, so ist es nicht weniger gewiss, dass die existierende Welt potentiell in den Weltdünsten lag und dass eine ausreichende Intelligenz, von der Erkenntnis der Eigentümlichkeit der Moleküle dieses Dunstes aus, den gegenwärtigen Stand der Fauna in Grossbritannien vorausgesagt haben könnte — mit ebensogrosser Sicherheit, als man sagen kann, was aus dem Dunst des Atems an einem kalten Wintertage wird . . . . Die teleologische und mechanische Auffasssung der Natur schliessen sich keineswegs notwendig aus; im Gegenteil, je mehr ein Forscher rein auf dem mechanischen Standpunkte steht, um so gewisser nimmt er eine ursprüngliche Anordnung an, von der alle Erscheinungen des Weltalls die Folgen sind.“

6. Kausale und teleologische Naturdeutung erscheinen demnach als koordinierte Betrachtungsweisen der Natur, die, richtig aufgefasst, einander weder ausschliessen noch stören, ja die einander gar nicht entraten können. Ohne Zurückführung aller Ereignisse auf Kausalität kann die Wissenschaft, und besonders die Naturwissenschaft, nicht bestehen; ohne teleologische Auffassung haben die gewonnenen Ergebnisse keinen Sinn. Niemals aber sollte man vergessen, dass wie der Begriff des Zweckes, so auch der der Kausalität aus der Sphäre unseres eigenen Bewusstseins stammt, also subjektiven Ursprungs ist.

Die Gleichberechtigung beider Ansichten geben im Grunde genommen die Vertreter der kausalen Auffassung zu, wenn sie den Organismus eines Lebewesens als eine natürliche Maschine betrachtet wissen wollen; denn so berechtigt auch das Verlangen ist, die an der Maschine sichtbaren Wirkungen auf ihre Ursachen zurückzuführen, so thöricht wäre es, die Frage nach dem Zweck, der durch die Maschine erreicht wird, zurückzuweisen.

7. Trotzdem besteht aber thatsächlich ein mehr oder minder schroffer Gegensatz zwischen den Vertretern der kausalen und der teleologischen Naturerklärung. Verhältnismässig selten wird die Gleichberechtigung beider Ansichten anerkannt und versucht, sie gegen einander abzugrenzen oder auszugleichen. Jede Ansicht glaubt sich durch die andere in ihrer Existenz bedroht oder wenigstens in der Weiterentwickelung gestört und beeinträchtigt.

Die Naturwissenschaft muss anerkennen, dass ihr die teleologische Auffassung als praktisches Prinzip vielfach gute Dienste geleistet hat und noch leistet. Die Frage nach dem Zweck, dem ein zu untersuchendes Organ dient, hat schon sehr häufig wichtige Fingerzeige für den ursächlichen Zusammenhang geliefert, besonders auf dem Gebiet der Lebenserscheinungen, die der kausalen Deutung so grosse Schwierigkeiten bieten. Es sei nur daran erinnert, dass Harvey durch die Überlegung, welchem Zweck wohl die nach dem

Herzen zu geöffneten Klappen der Venen dienen möchten, auf die Entdeckung des Blutkreislaufes geführt worden ist.

Wenn andererseits die Naturforscher in ihrer Mehrzahl den Zweckbegriff von ihren Untersuchungen abweisen, so geschieht dies einmal, um die kausale Auffassung möglichst ungetrübt zur Darstellung kommen zu lassen, dann aber auch, weil sie sich in ihrem Streben, alle Erscheinungen, auch die des Lebens, auf die bekannten physikalischen und chemischen Kräfte zurückzuführen, durch die Teleologen gestört fühlen, sei es, dass diese jenes Streben als von vornherein aussichtslos verwerfen oder jenen Kräften noch andere geheimnisvolle Kräfte, wie die Lebenskraft oder die Zweckursachen, an die Seite stellen oder überordnen wollen. Was die sogenannten Zweckursachen anbetrifft, so vergisst die Teleologie zu leicht den Ursprung des Zweckbegriffs. Der Zweck ist nur im menschlichen Bewusstsein vorhanden als die vorgestellte Wirkung einer bekannten oder noch zu ermittelnden Ursache. Wenn nun der willkürlich handelnde Mensch dieser Vorstellung die passende Ursache folgen lässt, so tritt die bis dahin nur vorgestellte Wirkung nun wirklich ein. Der ursprünglich vorgestellte Zweck ist daher die seelische Ursache der physischen Ursache geworden und wird daher als Zweckursache bezeichnet. Von solchen Zweckursachen kann nun natürlich nur in vorstellenden und wollenden Wesen die Rede sein und auch dort nur innerhalb der dem Wollen gezogenen Schranken. Jede Übertragung auf andere Verhältnisse, wie sie von der Teleologie des öfteren versucht worden ist, und die dort als Ersatz nahe liegt, wo wir die wirkenden Ursachen noch nicht erkennen, ist allerdings eine unrechtmässige Überschreitung ihres Gebietes und ein zurückzuweisender Eingriff in die kausale Auffassung.

Wenn aber z. B. die Teleologie angesichts der Zweckmässigkeit der organischen Bildungen annimmt, dass die Welt sich einem bestimmten Ziele zu entwickele nach einem vorgefassten Plan, der in einem dem Menschen an Vorstellungs- und Willenskraft unendlich und unbegreiflich überlegenen Wesen, der Gottheit, seinen Ursprung habe, wenn sie annimmt, dass Gott die Materie von Anfang an solchen Gesetzen unterstellt habe, die notwendig im Verlauf der unendlich vielen und unendlich mannigfaltigen Kausalreihen die vorhandenen zweckmässigen Formen hervorbringen mussten, so steht eine solche Ansicht der kausalen Naturerklärung keineswegs feindlich gegenüber. Die letztere sucht ja gerade diese Kausalreihen möglichst lückenlos darzustellen und jene Gesetze zu ergründen, sie arbeitet also der teleologischen Betrachtung in die Hände.

---

3. Schwierigkeiten in der Erklärung der Lebenserscheinungen. Urzeugung.

1. Die kausale Erforschung der Lebensvorgänge verfolgt nach Möglichkeit den im ersten Teil der Propädeutik dargelegten Gang einer wissenschaftlichen Untersuchung, stösst aber deshalb auf grosse Schwierigkeiten, weil es nur in wenigen Fällen möglich ist, der vergleichenden Beobachtung der Lebenserscheinungen die experimentelle Untersuchung an die Seite zu stellen. Letztere aber ist notwendigerweise mit einem willkürlichen Eingriff in die Lebensthätigkeit verbunden, durch den der normale Ablauf der Lebensprozesse mehr oder weniger gestört wird, so dass der Rückschluss auf die normalen Vorgänge dadurch eine gewisse Unsicherheit erlangt.

Für die vergleichende Beobachtung der elementarsten Lebenserscheinungen, des Baues und des Verhaltens des Protoplasmas in den Zellen, ist das Mikroskop von der grössten Wichtigkeit, und wenn es wahr sein sollte, dass die Vervollkommnung des Mikroskops ihre äusserste Grenze erreicht habe, so würde die weitere Forschung zum Stillstand verurteilt sein.

Um den Wurzeldruck einer Pflanze zu messen, durchschneidet man den jungen Stamm dicht über dem Erdboden und befestigt auf der Schnittfläche vermittelst eines Kautschukschlauches eine mit ausgekochtem Wasser gefüllte Glasröhre, durch das jener Druck auf eine Quecksilbersäule übertragen wird. Die Wege der Saftströmung in den dikotylen Holzpflanzen untersucht man, indem man den Stengel der Quere nach teilweise durchschneidet und den Einfluss auf die Ernährung der einzelnen Teile feststellt. In ähnlicher Weise verfährt man, um die Verrichtungen und den Verlauf der einzelnen Nerven des tierischen Körpers kennen zu lernen. Oder man beobachtet den Einfluss auf das Wachstum und den Stoffwechsel der Pflanze, den die künstliche Änderung der im Boden enthaltenen Nährstoffe ausübt. Dahin gehören auch die Untersuchungen, die feststellen, wie Gifte oder niedere Organismen auf die Lebewesen einwirken.

2. Dank derartigen sorgfältigen Untersuchungen hat die kausale Erklärung der Lebensvorgänge ausserordentliche Fortschritte gemacht. Vor allem ist die Kenntnis einzelner Lebenserscheinungen nach ihrer physikalischen und chemischen Seite hin mächtig gefördert worden.

Es genügt hier an die osmotische Bewegung des Saftes in den Pflanzen, sowie an die Atmung und die Entstehung der Körperwärme zu denken. Die an der Oberfläche der feinsten Wurzelenden befindlichen Zellen saugen das Wasser in grosser Menge in das Innere der Wurzel ein und treiben es von Zelle zu Zelle in die Höhe, eine Wirkung, die durch die Verdunstung in den Zellen des Schwammparenchyms der Blätter beträchtlich unterstützt wird. — Der Sauerstoff der atmosphärischen Luft dringt in den Lungen durch die Wandung der Lungenbläschen hindurch in das Blut ein und wird von den roten Blutkörperchen in alle Teile des Körpers geführt, wo er die Gewebsschlacken zu Kohlendioxyd und Wasser oxydiert. Diese Produkte gelangen in dem venösen Blut zur Lunge zurück und werden dort ausgeschieden. Die Körperwärme ist als Wirkung dieses Oxydationsvorganges erkannt. Die Pflanzen hingegen nehmen die in der Luft enthaltene Kohlensäure durch die Spaltöffnungen der Blätter auf, zerlegen diese Verbindung in ihre Bestandteile, geben den Sauerstoff an die atmosphärische Luft zurück und verwenden den Kohlenstoff zum Aufbau ihres Leibes.

3. Immerhin steckt aber die kausale Erklärung des Lebens noch in den Anfängen. Es ist ebensowenig gelungen, die sämtlichen Lebenserscheinungen an einem einzigen Einzelwesen, sei es auch das einfachste, in ihrer Folge und ihrem Zusammenhang kausal zu deuten, als eine einzelne Lebenserscheinung selbst in ihrem ganzen Umfang und in ihrer Zusammensetzung aus einzelnen Teilerscheinungen zu erklären.

Die oben angeführten kausalen Erklärungen von Lebensvorgängen sind bis jetzt nur in rohen Umrissen gelungen. So ist uns z. B. die Bildung der Blutbestandteile noch fast völlig dunkel.

4. Eine günstigere Gestaltung wäre zu erhoffen, wenn es gelänge, die Lebensvorgänge ausserhalb des lebenden Körpers

experimentell nachzubilden, was bisher nur in den bescheidensten Grenzen möglich ist.

Da die Lebenserscheinungen sämtlich auf die Thätigkeit des Protoplasmas zurückgeführt werden, so führt das Verlangen nach einer experimentellen Nachbildung schliesslich zu der Forderung, Protoplasma künstlich darzustellen. Wenn nun auch die künstliche Darstellung gewisser organischer Verbindungen gelungen ist, so sind dies doch im wesentlichen Ausscheidungs- und Zersetzungsprodukte der Lebewesen, während gerade die für das Leben wichtigsten Stoffe, wie die Eiweisskörper und die pflanzlichen und tierischen Farbstoffe Chlorophyll und Hämoglobin, nicht einmal ihrer chemischen Konstitution und ihrem molekularen Aufbau nach genügend bekannt sind. Ja wir sind nicht einmal mit Sicherheit imstande anzugeben, worin der Unterschied zwischen lebendem und leblosem Protoplasma besteht. Sollte es also wirklich gelingen, Protoplasma aus anorganischen Verbindungen künstlich darzustellen, so wäre es immer noch zweifelhaft, ob dieses Protoplasma auch lebte.

5. Liegt also das Geheimnis des Lebens noch unentschleiert da, so ist die Naturwissenschaft doch in vollem Recht, wenn sie als ihr Ziel betrachtet, auch die Lebenserscheinungen als vielverschlungene Ketten von mechanischen Ursachen vollständig und zusammenhängend zu deuten, wobei allerdings die Möglichkeit von vorn herein nicht abzuweisen ist, es werde sich beim weiteren Eindringen schliesslich ein Rest ergeben, der sich seiner Natur nach einer kausalen Erklärung gänzlich entzieht.

6. Aber auch die teleologische Auffassung hat mit den grössten Schwierigkeiten zu kämpfen. Da bilden zunächst die rudimentären oder verkümmerten Organe, die während des Lebens gar nicht in Thätigkeit treten oder ihrem Besitzer sogar Gefahr bringen, einen steten Stein des Anstosses.

Dazu gehören beim Menschen z. B. die Muskeln in der Ohrmuschel und deren Umgebung, die kleine halbmondförmige Falte im inneren Augenwinkel, der letzte Rest eines dritten inneren Augenlides, der sogenannten Nickhaut. Der Wurmfortsatz des Blinddarms erscheint sogar zweckwidrig, insofern beim Eindringen von verschluckten Kernen oder dgl. lebensgefährliche Entzündungen eintreten können. Ganz zwecklos scheinen Organe auch dann zu sein, wenn sie auf einer Entwickelungsstufe des Tieres vorhanden sind, wo es von ihnen keinen Gebrauch machen kann, während sie später verkümmern oder ganz verschwinden. So hat der in der Eischale eingeschlossene Embryo des Schwimmkäfers und der der Gottesanbeterin mehr Beine als die Larve und das ausgewachsene Tier, und die bewegungsunfähigen Puppen der Arbeiterameisen sind sogar mit Flügeln versehen, die den ausschlüpfenden Tieren fehlen.

7. Wenn man überdies den Begriff der Zweckmässigkeit in der Weise einschränkt, dass man nur dann ein Verfahren zweckmässig nennt, wenn der Mensch vom Standpunkt seiner Vernunft ebenso handeln würde, so zeigt sich, dass viele Naturvorgänge, am Massstabe menschlicher Einsicht gemessen, durchaus unzweckmässig genannt werden müssen.

„Wenn ein Mensch, um einen Hasen zu schiessen, Billionen Gewehre auf einer grossen Heide nach allen beliebigen Richtungen abfeuerte; wenn er, um in ein verschlossenes Zimmer zu kommen, sich zehntausend beliebige Schlüssel kaufte und alle versuchte; wenn er, um ein Haus zu haben, eine Stadt baute und die überflüssigen Häuser dem Wind und Wetter überliesse: so dürfte wohl Niemand dergleichen zweckmässig nennen und noch viel weniger würde man irgend eine höhere Weisheit, verborgene Gründe und überlegene Klugheit hinter diesem Verfahren vermuten." In der Natur aber nehmen wir eine ungeheure Vergeudung von Lebenskeimen wahr. „Der Untergang der Lebenskeime, das Fehlschlagen des Begonnenen ist die Regel; die „naturgemässe" Entwickelung ist ein Spezialfall unter Tausenden. Millionen von Samen, Eiern, jungen Geschöpfen schwanken zwischen Leben und Tod, damit einzelne Individuen sich entfalten."

8. Die Zweckmässigkeit wird um so leichter erkannt, je mehr wir die Naturvorgänge und Formen im einzelnen betrachten. Die Schwierigkeiten steigern sich aber ins Ungemessene, wenn wir die Gesamtform eines Lebewesens und seine Lebensthätigkeit oder seine Stellung inmitten der Natur, die Zweckbestimmung der anorganischen Natur oder schliesslich den Zweck der ganzen Welt ergründen wollen.

Es fragt sich dabei nämlich, nach welchem Gesichtspunkt man die Zweckmässigkeit beurteilen soll. Die gesamte Organisation eines Einzelwesens, für sich betrachtet, lässt immerhin noch eine einfache Deutung zu, wenn man annimmt, dass die eigene Erhaltung und Vervollkommnung das Ziel der Entwickelung ist. Schwieriger ist es bereits, die Beziehungen von Pflanzen und Tieren zu den anderen Lebewesen teleologisch zu erklären. Aber auch dann liegt es nahe, als Zweck die Erhaltung und Entwickelung der in gegenseitige Beziehung tretenden Lebewesen anzunehmen, wenn diese Annahme überhaupt möglich ist, wie bei der Anpassung der Blumen an den Insektenbesuch und der Insektenorgane an die Form der besuchten Blüten oder bei den Beziehungen zwischen Pflanzen und Tieren gegenüber dem Sauerstoff und der Kohlensäure der atmosphärischen Luft (s. o.).

Dem Begriff der Zweckmässigkeit aber scheint z. B. die Thatsache ganz zu widerstreben, dass die Existenz und Lebensweise vieler Mikroorganismen anderen Lebewesen, ja selbst dem Menschen, Krankheit und Tod bringt, wie die vielen Infektionskrankheiten beweisen. Auch die anorganische Natur fügt sich nicht ohne weiteres der teleologischen Deutung; man denke nur an die verheerenden Wirkungen der Orkane, Überschwemmungen u. s. w. Doch auch diesen scheinbaren Widersprüchen gegenüber braucht die teleologische Auffassung nicht völlig zu verzagen, wenn sie nur den Anspruch aufgiebt, das ganze Weltall als einzig und allein für den Menschen und gar für den einzelnen Menschen zweckmässig eingerichtet erkennen zu wollen. Ja die Teleologen könnten sich hierbei sogar auf ihren Gegner Darwin selbst stützen, da letzterer ja den Kampf ums Dasein, der soviele Geschöpfe mitleidlos vertilgt, für die gewaltige Triebfeder des Fortschrittes in der Organisation hält. In welchem Masse übrigens die Darwinsche Theorie teleologische Momente enthält, wird die folgende Untersuchung lehren.

Jedenfalls aber mahnen alle diese Schwierigkeiten, in der teleologischen Deutung der in der Natur wahrnehmbaren Einrichtungen und Vorgänge vorsichtig zu sein und nicht durch eine verfrühte teleologische Erklärung die kausale zu beeinträchtigen oder gar ersetzen zu wollen.

9. Die Frage, ob wir mit physikalischen und chemischen Mitteln jemals imstande sein werden, auch nur den einfachsten Organismus, das lebende Protoplasma, aus unorganischer Materie hervorzubringen, ist aufs engste mit der anderen Frage verwandt, ob die Natur selbst dies vermag, ob also lebende Wesen

aus unorganischen Stoffen jemals entstanden sind oder noch unter unseren Augen entstehen, d. h. mit der Frage nach der Urzeugung (generatio aequivoca).

Dem Vorgang des Aristoteles folgend, der Frösche und Schlangen aus dem Schlamm entstehen liess, war bis in das 17. Jahrhundert hinein der Glaube allgemein verbreitet, bei der Verwesung gewisser Pflanzen und Tiere entständen Insekten, so z. B. die Maden aus faulendem Fleisch. Die Entdeckung des Mikroskops gab diesen Spekulationen neue Nahrung, da man in den wässerigen Aufgüssen von Heu oder gewöhnlichem schwarzen Pfeffer nach einigen Tagen unzählige Lebewesen auftauchen sah.

10. Bei allen Versuchen, die in neuerer Zeit mit grosser Sorgfalt angestellt worden sind, ist niemals die Entstehung lebenden Protoplasmas beobachtet worden, wenn durch geeignete Vorrichtungen die in der benachbarten Luft vorhandenen Keime niederer Organismen von der zu untersuchenden Flüssigkeit abgehalten oder vernichtet wurden, während bei ungehindertem Zutritt dieser Keime die Lebewesen sich einfanden. Wenn diese Versuche also die Möglichkeit einer Urzeugung auch höchst unwahrscheinlich machen, so kann doch, da negative Ergebnisse nicht unbedingt beweiskräftig sind, die Frage, ob lebendes Protoplasma aus unorganischer Materie entstehen kann oder wenigstens entstehen konnte, ebensowenig mit Sicherheit verneint werden.

Schwann brachte den in einem Glaskolben enthaltenen Aufguss zum Sieden und versiegelte dann die Öffnung des Gefässes. Es entstanden keine Tierchen, auch dann nicht, wenn die äussere Luft durch eine glühende Röhre Zutritt hatte, während solche sich nach kurzer Zeit einstellten, sobald der Aufguss der gewöhnlichen Luft ausgesetzt wurde. Pasteur lieferte den unmittelbaren Nachweis, dass solche Keime, Sporen und Eier niederer Lebewesen thatsächlich in mehr oder weniger grosser Zahl in der Luft umherschweben, indem er sie mittels einer geeigneten Vorrichtung auf einem Ball aus Schiessbaumwolle auffing. Wurde dieser Ball alsdann in einen Aufguss gebracht, der bereits 1½ Jahr aufbewahrt worden war, ohne eine Spur von Leben zu zeigen, so entwickelten sich innerhalb 24 Stunden die kleinen Organismen.

11. Die Schwierigkeit, die erste Entstehung organischen

Lebens auf der Erde zu erklären, was ja notwendig ist, wenn man annimmt, die Erde sei ursprünglich ein glühender Gasball gewesen, ist demnach noch nicht gelöst, ob sie jemals lösbar sein wird, mindestens zweifelhaft.

Angesichts der für die Urzeugung so ungünstig ausgefallenen Versuche nehmen Thomson und Helmholtz als möglich an, dass organische Keime, in den Spalten der Meteorite verborgen, von fremden Weltkörpern auf die Erde übertragen sein könnten, schieben aber damit die Frage nach dem ersten Ursprung des Lebens nur weiter zurück. An und für sich möglich bleibt aber noch die Annahme, dass in weit zurückliegenden Zeiten, als auf der Erde noch ganz andere Verhältnisse hinsichtlich des Druckes, der Temperatur und der chemischen Zusammensetzung herrschten, vielleicht die notwendigen Bedingungen für die Entstehung von Protoplasma aus unorganischer Substanz vorhanden gewesen seien. Die Vertreter dieser Ansicht stützen sich dabei auf die allerdings nur einen äusserst unsicheren Schluss aus der Analogie zulassende Thatsache, dass ja auch heutzutage die Bedingungen nicht mehr vorhanden sind, unter denen einst gewisse Gesteinsarten wie Flussspat, Feldspat und Quarz entstanden.

III. Die Entwickelung der lebenden Welt.

1. Gründe für und wider die Konstanz der Arten. Vorgänger Darwins.

1. Der Frage nach der Entstehung des Lebens überhaupt schliesst sich aufs engste die Frage nach der Entstehung und Erhaltung der **Formen** an, in denen das Leben gegenwärtig pulsiert. Da sich diese Formen aber in Arten gliedern, so fällt die Beantwortung dieser Frage natürlich ganz verschieden aus, je nachdem man annimmt, die Arten seien als vollkommen selbständige und unveränderliche Typen im Laufe der Zeit durchaus konstant geblieben, oder sie seien Abänderungen in so weiten Grenzen unterworfen, dass die gegenwärtigen vollkommeneren Arten durch wirkliche Zeugung aus den weniger vollkommenen im Laufe unermesslicher Zeiträume entstanden sind. Eine Ausführung der letzteren Ansicht nennt man Descendenztheorie oder Abstammungslehre.

2. Für die Konstanz der Arten sprechen verschiedene Gründe. Zunächst die Thatsache, dass Abbildungen und Überreste, die sich auf oder in uralten Denkmälern finden, Tiere und Pflanzen genau in denselben Formen zeigen, wie sie auch heute noch vorkommen. Aber auch noch ältere Urkunden, Reste und Versteinerungen in Gesteinsschichten, weisen neben ausgestorbenen Arten auch noch solche auf, die den jetzt lebenden genau gleichen.

Die aus der Zeit der ägyptischen Denkmäler herrührenden Mumien des Ibis und anderer Tiere stimmen mit den heute dort lebenden Arten überein. Auch in den Versteinerungen der Tertiär-, ja sogar der Kreidezeit erkennen wir viele der noch heute lebenden Arten wieder, die also trotz der seit Beginn der Eiszeit gewaltigen Änderungen des Klimas und der äusseren Verhältnisse unverändert geblieben sind. Von besonderem Interesse ist natürlich die Frage, ob die ältesten Menschen, deren Überreste man in den Höhlen der Steinzeit gefunden hat, mit den gegenwärtigen verglichen, auf einer niedrigeren, den Tieren näher stehenden Stufe der Entwickelung gestanden haben. Messungen an den aufgefundenen Schädelresten lehren, dass die Masse für die Höhe, Breite und Länge des Schädels den heutigen durchaus entsprechen, ja dass das Gehirnvolumen, soweit es sich bestimmen lässt, eher etwas grösser war als das mittlere Gehirnvolumen der jetzt lebenden Menschen. Was überhaupt die physische Beschaffenheit dieser Urmenschen anbetrifft, so liegt kein Grund vor, sie auf eine niedrigere Stufe zu stellen als die Mehrzahl der jetzt lebenden Volksstämme. Hinsichtlich ihrer geistigen Eigenschaften aber wäre es thöricht, die Intelligenz zu gering zu veranschlagen, die die ersten und wichtigsten Erfindungen, z. B. die der Waffen und Werkzeuge zuwege brachte.

3. Besonders wichtig ist natürlich auch die Thatsache, dass die gegenwärtige Lebewelt, selbst mit Einschluss der geologischen Funde, sich nicht als ein unübersehbares Chaos von allmählich in einander übergehenden Formen darstellt, sondern eben aus scharf getrennten Arten besteht, die sich, im allgemeinen wenigstens, nicht einmal mit einander kreuzen.

Wenn auch die geologischen Entdeckungen eine Anzahl Formen zu Tage gefördert haben, die wir als Mittelformen ansehen können, so sind wir doch weit entfernt, auch nur für eine etwas grössere Zahl von Arten eine lückenlos zusammenhängende Reihe von Formen zu kennen, die durch allmähliche Entwickelung auseinander entstanden sein könnten. Dem obigen Grunde wird freilich von den Anhängern der Abstammungslehre entgegengehalten, dass die Arten in Wirklichkeit gar nicht so scharf von einander unterschieden seien. Es gehe dies z. B. aus der Schwierigkeit hervor, Arten und Abarten oder Varietäten von einander zu scheiden; so würden von den in Deutschland wachsenden 300 Hieracien-Formen von manchen Botanikern alle, von anderen nur 106 oder 52 oder sogar nur 20 als echte Arten anerkannt, die übrigen aber als Abarten bezeichnet, d. h. als solche Formen, die von echten Arten abstammen, aber in unbedeutenden Merkmalen abweichen. Auch die grosse Verschiedenheit zwischen den Rassen einer und derselben zahmen Art, z. B. der Haustaube, zeige, wie weit sich die Formen von dem ursprünglichen Typus entfernen könnten. In letzterem Falle ist natürlich der Beweis zu führen, dass die in Betracht kommenden Rassen in der That von einer einzigen Art abstammen, wie es von Darwin bezüglich der Abstammung der Haustauben von der wilden Felsentaube (Columba livia) versucht worden ist.

4. Eine solche Überzeugung von der Unveränderlichkeit der Arten hatten Linné und Cuvier. Diese Ansicht tritt in der Katastrophenlehre des Letzteren hervor, nach der, wie oben schon ausgeführt, die einzelnen Erdperioden durch Neuschöpfungen aller Tier- und Pflanzenarten eingeleitet und durch alles Leben vernichtende Katastrophen abgeschlossen wurden.

Linnés Ansicht gipfelt in dem Satze: „Tot numeramus species quot ab initio creavit infinitum ens." Mit dem Sturze des geologischen Teils der Cuvierschen Katastrophenlehre wurde auch die Theorie von den wiederholten Neuschöpfungen und damit die Ansicht von der Konstanz der Arten selbst verdächtig, besonders als sich herausstellte, dass die einzelnen Formationen der Erdrinde in ihren Versteinerungen keineswegs so scharf gegeneinander abgegrenzt sind, als man ursprünglich annahm.

5. Eine Reihe von anderen Thatsachen hingegen erklärt sich ganz ungezwungen durch die Annahme einer allmählichen Entwickelung der Lebewesen aus einfacheren Formen. So regt zunächst die systematische Verwandtschaft der Tier- und Pflanzenarten dazu an, sie als eine natürliche, d. h. Blutsverwandtschaft zu erkennen und zu deuten.

Die ganze Tierwelt lässt sich, trotz ungeheurer Mannigfaltigkeit im einzelnen, auf einige wenige Haupttypen zurückführen. So unterschied Cuvier 4 Hauptzweige, gewissermassen „allgemeine Baupläne, nach denen die zugehörigen Tiere modelliert zu sein scheinen und deren einzelne Unterabteilungen, wie sie auch bezeichnet werden mögen, nur leichte, auf die Entwickelung oder das Hinzutreten einiger Teile gegründete Modifikationen sind, in denen aber an der Wesenheit des Planes nichts geändert ist." Neuerdings werden meist 7 solcher Typen (Wirbeltiere, Gliedertiere, Weichtiere, Würmer, Stachelhäuter, Pflanzentiere und Urtiere) unterschieden, die aber nicht scharf von einander gesondert, sondern durch Verbindungsglieder verknüft sind. Auch die einzelnen Unterabteilungen sind nicht scharf geschieden. Das zeigt z. B. deutlich die Ordnung der Beuteltiere, worin der Beutelwolf dem Hund, der

Beutelbär dem Marder, der Beutelmarder der Schleichkatze, die Beutelmaus der Spitzmaus und das Känguruh den Nagern und Wiederkäuern verwandt ist.

6. Für eine allmähliche Entwickelung der Lebewelt aus niederen Formen spricht ferner die Thatsache, dass wir in den ältesten Schichten nur Tiere und Pflanzen niederer Organisation finden, während der Abnahme des Schichtenalters die Vervollkommnung in der Organisation der gefundenen Reste parallel geht, wenn wir den Grad der Vervollkommnung nach dem Masse messen, in dem die einzelnen Organe differenziert, d. h. den verschiedenen Arbeitsleistungen des Körpers angepasst sind.

Die ältesten Formationen der sogenannten archäischen Zeit führen keine versteinerten Überreste. Die gesamte und gewiss reichhaltige Organismenwelt der ältesten und älteren Perioden ging unter, ohne deutlichere Spuren als die Graphitlager der kristallinischen Schiefer zurückzulassen. In den ältesten und sehr umfangreichen Schichtengruppen der paläozoischen Zeit, die als kambrische, silurische und devonische Formationen unterschieden werden, finden sich aus der Pflanzenwelt noch ausschliesslich Kryptogamen, besonders Tange, die unter dem Meere mächtige und formenreiche Waldungen bildeten. Zahlreiche Seetiere aus sehr verschiedenen Gruppen, Pflanzentiere, Weichtiere, Krebse und Fische, letztere mit höchst eigentümlichen, einer tieferen Organisationsstufe entsprechenden gepanzerten Formen, belebten die warmen Meere der Primärzeit. Erst in der Steinkohle treten die ältesten Reste von Landbewohnern, Amphibien mit Knorpelskelett, ferner Insekten und Spinnen auf, in den Formationen der Dyas erscheinen dann Reptilien in grossen, eidechsenartigen Formen, während noch immer die Fische, aber ausschliesslich Knorpelfische und Schmelzschupper und unter den Pflanzen die Gefässkryptogamen vorherrschen.

In der Sekundärzeit, welche die Formationen des Trias, des Jurasystems und der Kreide umfasst, erlangen von Wirbeltieren die Eidechsen und in der Pflanzenwelt die bereits schon zur Steinkohlenzeit vereinzelt auftretenden Nadelhölzer und Cycadeen eine solche vorwiegende Bedeutung, dass man nach ihnen wohl die ganze Periode das Zeitalter der Saurier und Gymnospermen genannt hat. Auch Säugetiere finden sich schon, freilich mehr vereinzelt, sowohl in den obersten Schichten des Trias als im Jura und zwar ausschliesslich der niedersten Organisationsstufe der Beuteltiere angehörig. Blütenpflanzen erscheinen zuerst in der Kreide, die auch die ältesten Reste entschiedener Knochenfische einschliesst.

Aber erst in der Tertiärzeit erlangen die Blütenpflanzen und die Säugetiere, unter denen auch die höchste Ordnung der Affen ihre Vertreter findet, eine so vorwiegende Entfaltung, dass man diesen Zeitraum als den der Laubwälder und Säugetiere bezeichnen kann. In den oberen Tertiärablagerungen steigert sich dann die Annäherung an die Gegenwart für Tiere und Pflanzen stufenweise. Während zahlreiche niedere Tiere und Pflanzen nicht nur der Gattung, sondern auch der Art nach mit lebenden identisch sind, gewinnen auch die Arten und Gattungen der höheren Tiere eine grössere Ähnlichkeit mit denen der Gegenwart. Mit dem Übergang in die diluviale und alluviale Zeit nehmen unter den Blütenpflanzen die höheren Typen an Zahl und Verbreitung zu, und wir werden in allen Ordnungen der Säugetiere mit Formen bekannt, die in ihrem Bau nach bestimmten Richtungen immer eingehender spezialisiert und deshalb vollkommener erscheinen. Im Diluvium finden wir erst unzweifelhafte Spuren für das Dasein des Menschen, dessen Geschichte und Kulturentwickelung nur den letzten Abschnitt des verhältnismässig so kleinen alluvialen Zeitraums ausfüllt. (Nach Claus.)

7. Auch die Entwickelungsgeschichte, d. h. die Lehre von der Entwickelung des Einzelwesens von den ersten Anfängen bis zur endgültigen Gestalt, lehrt, dass die Entwickelungsvorgänge einander um so ähnlicher sind, je enger die systematische Verwandtschaft der fertigen Formen. Ferner treten in der Entwickelung des Einzelwesens während des Embryonallebens oder auch im Laufe der Metamorphose Formen auf, die an niedriger organisierte Gruppen desselben Tierkreises erinnern.

So weist die Embryonalentwickelung der Säugetiere Bildungen auf, die sich bei niederen Fischen finden, während später Einrichtungen auftreten, die als solche bei den Amphibien dauernd vorhanden sind. In seinem ersten Larvenzustand ähnelt der Frosch dem Fischtypus in Form, Organisation und Bewegungsweise; die nächstfolgenden Zustände hingegen erinnern an andere Gruppen der Amphibien. Diese Ähnlichkeit zwischen den aufeinanderfolgenden

Formen in der Entwickelung des Einzelwesens einerseits und den verwandten Gruppen des Systems andererseits hat zu dem Ausspruch geführt, die Entwickelungsgeschichte des Individuums sei nichts anders als die kurze und vereinfachte Wiederholung des Entwickelungsganges der Art selbst.

8. Die Lehre von der Konstanz der Arten wie auch die Abstammungstheorie sind beide Hypothesen, freilich nicht solche, die ihrer Natur nach nicht als richtig oder falsch erkannt werden könnten, da es sich hierbei schliesslich doch nur um geschichtliche Thatsachen handelt. Die Verhältnisse liegen aber thatsächlich so, dass sich wohl niemals ein strenger Beweis für die eine oder die andere führen lassen wird. Die geologischen Urkunden sind viel zu winzig und lückenhaft, um als wirkliche Beweismittel in dem einen oder anderen Sinne dienen zu können; und der experimentelle Nachweis, dass in der freien Natur ein Übergang von einer Art in eine andere thatsächlich erfolgen könnte, ist deshalb unmöglich, weil die hierzu erforderlichen Zeiträume menschlicher Beobachtung auch nicht annähernd zu Gebote stehen. Es bleibt also nichts anders übrig, als die Berechtigung der Abstammungshypothese nach den im ersten Teil dargelegten Gesichtspunkten zu prüfen, welche Prüfung aber erst an einer im einzelnen ausgeführten Form dieser Lehre erfolgen kann; dabei ist ohne weiteres klar, dass die Erscheinungen, die oben als für die Abstammungslehre sprechend angeführt sind, durch eine solche besondere Art dieser Lehre im besten Falle erklärt werden *können*, nicht erklärt werden *müssen*.

Die Anhänger der Lehre von der Konstanz der Arten müssen auf eine Erklärung der Urformen überhaupt verzichten oder führen sie auf die unmittelbare schöpferische Thätigkeit des höchsten Wesens zurück. Im letzteren Fall vermengt sich die ohnehin plötzlich abgebrochene kausale Erklärungsweise mit der teleologischen, insofern das göttliche Wesen nicht anders als nach Zwecken handelnd gedacht werden kann und daher die geschaffenen Formen auch zweckmässig organisiert sein müssen. Eine grosse Schwierigkeit für diese teleologische Auffassung bilden aber die sogenannten rudimentären Organe, d. s. Organe, die bei anderen Arten wohl ausgebildet, hier aber so verkümmert sind, dass sie die ihnen dort obliegenden Verrichtungen auszuführen nicht imstande sind (s. a. S. 49). Hierher gehören z. B. die unter der Haut liegenden, verkümmerten Augen unterirdisch lebender Tiere, wie auch der häufig zu lebensgefährlichen Störungen Anlass gebende Wurmfortsatz am Blinddarm des Menschen. Nach der Abstammungslehre sollen dies vererbte, nicht mehr gebrauchsfähige Reste aus früheren Formen der betreffenden Art sein, in denen sie noch wohlentwickelt waren. Ferner sind hier die Fälle zu erwähnen, wo beim noch unentwickelten Embryo Bildungen vorhanden sind, die in diesem Zustand unnütz erscheinen, während sie der ausgebildeten Form, der sie nützen könnten, fehlen. So entwickeln sich im Oberkiefer vieler Wiederkäuer während des Embryonallebens Schneidezähne, die nie zum Durchbruch gelangen, bei den Bartenwalen Zahnansätze, die später verloren gehen und nie zum Zerkleinern der Nahrung benutzt werden. Der Embryo des Schwimmkäfers und der der Gottesanbeterin hat mehr Beine als die Larve und das ausgewachsene Tier. Die Gegner weisen indessen darauf hin, dass wir viel zu wenig von dem Ineinandergreifen der einzelnen Organe wissen, um mit Sicherheit behaupten zu können, jene Bildungen seien ganz zwecklos, und wenn auch dieser Einwand nicht durchweg stichhaltig sein wird, so hat sich doch in einzelnen Fällen ein ganz bestimmter Zweck dieser Organe herausgestellt. Es mag übrigens bemerkt werden, dass es auch eine Theorie giebt, die die Abstammungslehre mit der Lehre von der Konstanz der Arten verbindet, indem sie annimmt, dass die neuen Formen nicht allmählich, sondern plötzlich aus den alten im embryonalen Zustande hervorgegangen sind, wie etwa der Schmetterling sich aus der von ihm ganz verschiedenen Raupe entwickelt.

9. Der Descendenztheorie ist oft vorgeworfen worden, sie führe zum Atheismus, d. h. zur Leugnung der Existenz und des Wirkens eines göttlichen Wesens und damit zu Irreligiosität und Unsittlichkeit. Eine wissenschaftliche Theorie ist nun zwar nicht an ihren wirklichen oder angeblichen Folgen für das sittliche Verhalten der Menschen zu prüfen, denn sie ist berechtigt, wenn und solange sie selbst logisch richtig durchgebildet und ihre Folgerungen mit den Thatsachen der Erfahrung übereinstimmen. Aber da jener Vorwurf geeignet ist, den Streit von dem rein wissenschaftlichen Boden, auf dem er allein ausgefochten werden muss, auf den religiösen und ethischen

abzulenken, so mag bemerkt werden, dass die Abstammungslehre, ihre Richtigkeit vorausgesetzt, keineswegs das Walten eines schöpferischen höchsten Wesens ausschliesst. „Mit dem Satz: So viel Arten, so viel Schöpfungsakte, ist noch nicht der andere aufgehoben: So viel Arten, so viel Schöpfungsgedanken.“ Die Vorstellung, der höchste Schöpfer aller Dinge habe die Materie selbst so geschaffen und ihr solche Kräfte eingeflösst, dass sich im Laufe der Zeiten aus unscheinbaren Anfängen mit Notwendigkeit die ganze Fülle und Mannigfaltigkeit der organisierten Formen entwickeln musste, giebt uns sicherlich eine ebenso erhabene Vorstellung von Gottes Allmacht und Allweisheit, als die Meinung, Gott habe die einzelnen Arten als fertige Formen nacheinander erschaffen.

10. Den Gedanken einer allmählichen Entwickelung der Lebewesen aus den einfachsten Formen finden wir bereits bei Kant, Herder und Göthe ausgesprochen, teils in wissenschaftlichem Gewande, teils mehr in dichterischer und künstlerischer Auffassung. Der Erste aber, der eine wirkliche Entwickelungstheorie aufzustellen versuchte, war Lamarck (1809 Philosophie zoologique). Er erkannte, dass die Umbildung einer Art möglich sei, wenn die Veränderungen nach einer und derselben Richtung erfolgen und sich im Laufe hinreichender Zeiträume summieren. Als Ursachen solcher Veränderungen nahm er teils die unmittelbare Einwirkung veränderter äusserer Lebensbedingungen an, teils führte er die Entwickelung von Organen auf den häufigen Gebrauch und ihre Verkümmerung auf den Nichtgebrauch zurück. Ähnliche Ansichten vertrat Geoffroy St. Hilaire.

Nach Lamarck soll die lange Zunge der Spechte und Ameisenfresser durch die Gewohnheit dieser Tiere entstanden sein, die Nahrung aus engen und tiefen Spalten und Öffnungen hervorzuholen. Der Hals der Giraffe verdankt seine Länge dem beständigen Hinaufrecken nach dem Laube höherer Bäume. Die Schwimmhäute zwischen den Zehen bildeten sich infolge der Schwimmbewegungen zahlreicher zum Wasserleben gezwungener Tiere. Zugleich aber nahm Lamarck ein Gesetz fortschreitender Entwickelung an und liess die niedersten Organismen durch Urzeugung entstehen. —

Die zum Teil recht grobe Anschauungsform sowie die wenig strenge Durchführung seiner Theorie lassen es begreiflich erscheinen, dass in dem wissenschaftlichen Streite über die Abstammung der Arten Cuvier den Sieg davon trug, bis Darwin dem Entwickelungsgedanken wieder neue Anerkennung verschaffte.

---

2. Darstellung der Darwinschen Theorie.*)

1. Den Ausgangspunkt der Darwinschen Lehre bilden die gezähmten Tiere, die Haustiere, und die kultivierten Pflanzen. An ihnen, wie auch an den wild lebenden, bemerkt man zweierlei: Die Merkmale der Eltern oder der Vorfahren überhaupt pflegen sich im allgemeinen auf die Nachkommen zu vererben; in gewissen Merkmalen aber weichen die letzteren von den ersteren ab, sie zeigen Variabilität. Die Neigung zur Abänderung ist bei den verschiedenen Pflanzen und Tieren verschieden gross, durchgehends grösser im gezähmten Zustande.

Den Grund der Abänderungen findet Darwin in der Einwirkung der äusseren Lebensbedingungen, hebt aber hervor, dass hierbei zwei Faktoren in Betracht kommen: die Beschaffenheit des Organismus und die Natur der Bedingungen. „Die erstere scheint bei weitem die wichtigste zu sein; denn ungefähr ähnliche Veränderungen entstehen zuweilen, soweit sich beurteilen lässt, unter ähnlichen Bedingungen, und andererseits treten ungleiche Veränderungen unter Bedingungen auf, die fast gleich zu sein scheinen.“ Eine genauere Untersuchung lehrt, „dass die Art der Bedingungen für die Bestimmung der besonderen Form der Veränderung von vollständig untergeordneter Bedeutung ist im Vergleich zu der Beschaffenheit des Organismus, und vielleicht von nicht mehr Bedeutung als die Beschaffenheit des Funkens für die Bestimmung der Art der Flamme ist, wenn er einen Haufen brennbarer Stoffe entzündet.“ Auch der vermehrte Gebrauch und Nichtgebrauch bringt Abänderungen der Organe hervor. Die Flügelknochen der

*) Die Citate dieses Abschnitts sind sämtlich den Werken Darwins entnommen.

zahmen Ente sind z. B. leichter, ihre Beinknochen schwerer als die der Wildente. Wichtig sind auch gewisse noch unaufgeklärte Beziehungen (Korrelation des Wachstums) zwischen den verschiedenen Organen desselben Einzelwesens, die bewirken, dass mit dem einen Organ sich auch das andere ändert. „Kahlhäutige Hunde haben unvollständige Zähne; langhaarige und wollige Wiederkäuer neigen meist zu langen und vielen Hörnern. Tauben mit befiederten Beinen haben ein Häutchen zwischen den beiden äussersten Zehen; Tauben mit kurzen Schnäbeln haben kleine und Tauben mit langen Schnäbeln grosse Füsse.“

Von der grössten Wichtigkeit für die Theorie ist natürlich, ob solche Abweichungen von der elterlichen Form selbst erblich sind. „Wenn die eine oder andere Abweichung vom normalen Zustande oft vorkommt und wir sie in Vater und Kind auftreten sehen, dann können wir immer noch nicht behaupten, dass sie das Resultat ein und derselben auf beide wirkenden Ursache sei. Aber wenn unter Individuen, die offenbar demselben Einfluss ausgesetzt sind, eine oder die andere sehr seltene Abweichung wahrgenommen wird — eine einzige vielleicht unter Millionen — und wir dann sehen, dass diese Abweichung vom Vater auf den Sohn übergeht: dann bleibt uns nichts anderes übrig, als diese Wiederkehr der Vererbung zuzuschreiben. Jedermann kennt Fälle von Albinismus, Stachelhaut, ungewöhnlicher Behaarung u. dgl. als bei Gliedern derselben Familie vorkommende Erscheinungen. Wenn nun sonderbare und seltene Abweichungen wirklich erblich sind, dann dürfen wir wenigstens minder sonderbare und minder seltene Abweichungen ohne weiteres für erblich erklären. Es ist demnach die Behauptung gewiss gerechtfertigt, dass die Erblichkeit des einen oder anderen Merkmals Regel und die Nichterblichkeit Ausnahme ist.“

2. Auf Variabilität und Vererbung gründet sich die planmässige oder unbewusste Zuchtwahl unserer Tierzüchter und Pflanzenliebhaber. Indem sie durch viele Generationen hindurch nur diejenigen Tiere oder Pflanzen einer Art oder einer Rasse erhalten und zur Nachzucht verwenden, die sich durch gewisse, dem Menschen irgendwie vorteilhafte Merkmale vor den übrigen auszeichnen, bringen sie neue Rassen oder Varietäten hervor.

„Die grosse Macht, welche dem Menschen dadurch gegeben ist, dass es ihm möglich ist, durch Auswahl der Zuchttiere eine Veränderung der Rassen herbeizuführen, ist keineswegs eine Hypothese. Wir haben ja Viehzüchter, denen es selbst während der kurzen Zeit eines Menschenalters geglückt ist, einige Rassen von Rindern oder Schafen bedeutend zu verändern. Man muss diese Tiere sehen, um es zu glauben. Viele Tierzüchter sprechen über die tierische Organisation wie über ein Stück Lehm, das sie in alle möglichen Formen kneten können.... In Sachsen legt man einen so grossen Wert darauf, eine gute Zuchtwahl hinsichtlich der Merinoschafe zu treffen, dass man sogar eine Art von Handwerk daraus macht. Die Schafe werden auf einen Tisch gestellt und betrachtet, wie Liebhaber ein Gemälde betrachten; das geschieht dreimal im Jahre, und dann werden sie stets wieder neu gezeichnet und klassifiziert, so dass es leicht wird, die besten Tiere zur Fortpflanzung auszuwählen."

„Die Wichtigkeit einer guten Zuchtwahl erweist sich vor allem aus den grossen Erfolgen, die durch Anhäufung von Abänderungen nach einer Richtung hin während vieler aufeinanderfolgender Generationen errungen werden — eine Anhäufung solcher Unterschiede, welche für ein ungeübtes Auge vollkommen unbemerkbar sind."

„Der Mensch ist nicht die wirkliche Ursache der Variabilität: er setzt nur unabsichtlich organische Wesen neuen Lebensbedingungen aus, und dann wirkt die Natur auf die Organisation und verursacht Veränderungen. Aber der Mensch kann, und thut es auch, die Veränderungen, die ihm von der Natur dargeboten werden, für die Fortpflanzung auswählen, er häuft dieselben auf diese Weise in irgend einer gewünschten Richtung. So macht er Tiere und Pflanzen zu seinem Vorteil oder zu seinem Vergnügen geeignet. Er kann dies absichtlich thun, oder auch unabsichtlich durch die Erhaltung derjenigen Individuen, die ihm am nützlichsten sind oder ihm am meisten gefallen, ohne darum irgendwie einen Plan zur Veränderung der Rasse zu hegen. Es ist gewiss, dass er einen grossen Einfluss auf den Charakter einer Rasse auszuüben vermag, indem er in jeder aufeinanderfolgenden Generation so geringe individuelle Verschiedenheiten für die Nachzucht auswählt, dass sie von einem ungeübten Auge kaum zu bemerken sind. Dieser unabsichtliche Zuchtwahlprozess ist die grosse wirkende Kraft im Hervorbringen der nützlichsten und verschiedensten Kulturzüchtungen gewesen."

3. Für seine Theorie ist es Darwin natürlich von der

grössten Wichtigkeit festzustellen, bis zu welchem Grade Abweichungen von der ursprünglichen Form durch Zuchtwahl gesteigert werden können. Er hat daher der Frage, ob die verschiedenen Rassen einer zahmen Art, die ja oft den Eindruck selbständiger Arten machen, durch Zuchtwahl von einer einzigen wilden Form abstammen, eingehende Untersuchungen gewidmet. Als Ergebnis findet er, dass z. B. die verschiedenen Hunderassen von mehreren, aber wenigen wilden Formen, nicht aber jede von einer besonderen, abstammen, dass die blosse Kreuzung dieser wilden Arten aber nicht zur Hervorbringung der jetzt lebenden zahmen Rassen ausreichen konnte, sondern durch Zuchtwahl unterstützt werden musste. Die vielen zahmen Taubenrassen führt er jedoch auf eine einzige wilde Stammform, die Felsentaube, zurück.

„Wenn wir die Strukturunterschiede der zahmen Rassen einer Art richtig zu schätzen suchen, so verfallen wir bald in Zweifel und Ungewissheit; wir wissen ja nicht, ob sie von einer, oder ob sie von verschiedenen Stammformen herrühren. Es wäre von höchster Wichtigkeit, wenn dieser dunkle Punkt aufgehellt werden, wenn bewiesen werden könnte, dass das Windspiel, die Dogge, der Pudel, der Mops und der Bullenbeisser, deren sämtliche Merkmale an ihren Nachkommen so getreu fortgepflanzt werden, von einer einzigen Art abstammten. — Über den Ursprung unserer meisten Haustiere wird man wohl immer im Ungewissen bleiben. Doch will ich hier bemerken, dass ich, nachdem ich mühsam alle bekannten Thatsachen über die zahmen Hunde gesammelt habe, zu dem Schlusse gekommen bin, dass verschiedene wilde Arten von Hunden gezähmt worden sind und dass das Blut derselben in verschiedenen Fällen gemischt durch die Adern unserer zahmen Hunderassen fliesst.“ Gegenüber der Meinung, dass jede Rasse, die sich unverändert fortpflanzt, ihre besondere wilde Grundform habe, betont Darwin: „Selbst in Bezug auf den zahmen Hund, der über die ganze Erde verbreitet ist, und der, wie ich vollständig zugebe, wahrscheinlich von verschiedenen wilden Arten abstammt, zweifle ich doch nicht im geringsten daran, dass er einer unermesslichen Menge erblicher Veränderungen unterworfen gewesen sein muss.“

Die Untersuchung der Taubenrassen schliesst mit dem Urteil: „In Anbetracht all dieser Gründe — nämlich vorerst der Unwahrscheinlichkeit, dass der Mensch ehemals sieben oder acht angenommene Arten von Tauben gezähmt haben sollte, die alle im zahmen Zustande Junge hervorgebracht haben sollten; zweitens des Umstandes, dass alle diese angenommenen Arten im wilden Zustande unbekannt sind und man ebensowenig weiss, dass sie sich wieder verwildert haben; drittens, dass die zahmen Tauben in mancherlei Hinsichten von allen andern Columbiden sich unterscheiden und in so vielen Punkten mit der wilden Taube übereinstimmen; viertens, dass die blaue Farbe und die verschiedenen Merkmale der letzteren nicht selten in allen Rassen wiedererscheinen, sie mögen rein gehalten oder gekreuzt werden; und fünftens, dass die Kreuzlinge vollständig fruchtbar sind — in Anbetracht all dieser Gründe halte ich es für sicher, dass alle unsere zahmen Tauben von Columba livia und ihren Unterarten abstammen, wie sie in einigen Landstrichen vorkommen."

4. Wie der Mensch im Kleinen, so wirkt nach Darwin die Natur im Grossen. Ebenso wie im gezähmten Zustande sind auch die zu einer wilden Art gehörigen Einzelwesen nicht völlig gleich, sondern weisen individuelle Unterschiede auf. Ja diese Verschiedenheiten sind oft so gross, dass es zweifelhaft erscheint, ob die betreffenden Formen (als Varietäten oder Unterarten) überhaupt zu einer Art vereinigt werden können oder als selbständige Arten zu rechnen sind.

„Es existieren mancherlei geringe Unterschiede, die man individuelle Unterschiede nennen darf, und die sich oft bei den Jungen von denselben Eltern zeigen, oder auch bei Individuen von derselben Art, welche einen sehr begrenzten Landstrich bewohnen. Niemand glaubt, dass alle Individuen von ein und derselben Art genau nach demselben Modell gebildet sind. Solche individuellen Unterschiede sind für uns sehr wichtig, da sie das Material bilden, aus denen die natürliche Zuchtwahl eine Anhäufung von Abweichungen bilden kann, auf dieselbe Weise, wie der Mensch die individuellen Unterschiede seiner Haustiere und Kulturpflanzen nach einer bestimmten Richtung hin zu vermehren vermag." — „Niemand kann eine bestimmte Grenze zwischen individuellen Verschiedenheiten und geringfügigen Varietäten, oder zwischen deutlicher erkennbaren Varietäten, Unterarten und Arten ziehen. Auf den verschiedenen Kontinenten und in verschiedenen Teilen desselben Kontinents, wenn sie durch irgend eine Art von Schranken voneinander getrennt sind, oder auf den in der Nähe der Kontinente gelegenen Inseln — wie viele Formen giebt es da, die der eine kundige Naturforscher als blosse Varietäten, der andere als geographische Rassen oder Unterarten, ein anderer wieder als ausgeprägte, obwohl nahe verwandte Arten behandelt!"

5. Bei den Lebewesen der freien Natur wird die auswählende Hand des Menschen durch die natürliche Zuchtwahl im Kampfe ums Dasein ersetzt. Unter dem letzteren versteht Darwin in weiterem Sinne das Ringen der Lebewesen untereinander und gegen die äusseren Lebensbedingungen um Erhaltung und Vermehrung.

„Zwei Wölfe, die von Hunger getrieben um eine Beute miteinander kämpfen, sie kämpfen den Kampf ums Dasein. Eine Pflanze, die in einer Sandwüste wächst, kämpft für ihr Leben gegen die Dürre, obwohl man auch ebenso gut sagen könnte, dass sie von der Feuchtigkeit abhängig sei. Eine Pflanze, die jährlich tausend Samenkörner erzeugt, wovon nur ein einziges zur Pflanze wird, kämpft gegen die Pflanzen derselben Art und anderer Arten, die bereits den Boden bedecken. Die Mistel ist von dem Apfelbaum, der Eiche und einigen andern Baumarten abhängig, doch kann nur in einem gewissen Sinne gesagt werden, sie kämpfe gegen diese Bäume, denn wenn zu viele dieser Schmarotzerpflanzen auf einem Baume wachsen, beginnt er zu verkümmern und stirbt endlich ab. Aber mit grösserem Rechte darf man von verschiedenen Mistelpflanzen, die dicht nebeneinander auf demselben Baumaste wachsen, sagen, dass sie gegeneinander kämpfen. Da die Samen der Mistel von Vögeln zerstreut werden, hängt ihre Existenz von diesen Vögeln ab, und metaphorisch kann man sagen, dass sie mit anderen fruchttragenden Pflanzen kämpft, um die Vögel zu verleiten, lieber ihre Früchte zu verschlingen und die Samen auszustreuen, als die anderer Pflanzen. Für diese verschiedenen Zustände nun, die so eng miteinander verbunden sind, gebrauche ich den Ausdruck „Kampf ums Dasein"."

6. „Der Kampf ums Dasein ist eine notwendige Folge des Strebens aller organischen Wesen, an Zahl zuzunehmen. Jedes Wesen, welches während seiner natürlichen Lebenszeit mehrere Eier oder Samenkörner hervorbringt, muss in einer gewissen Periode seines Lebens vernichtet werden, oder, wenn dies nicht geschähe, würde seine Zahl bald infolge der geometrischen Zunahme zu einer solchen Höhe anwachsen, dass kein Land gross

genug wäre, sie alle zu fassen. Deshalb muss, wenn mehr Individuen erzeugt werden, als möglicherweise am Leben bleiben können, ein Kampf ums Dasein entbrennen: ein Kampf des einen Individuums gegen das andere derselben Art oder gegen die natürlichen Bedingungen des Lebens."

„Linné hat berechnet, dass wenn eine einjährige Pflanze nur zwei Samen hervorbrächte — und es giebt keine einzige Pflanze von so geringer Produktivität — und wenn im folgenden Jahre jedes der beiden Sämlinge wiederum zwei Samenkörner erzeugte u. s. f., in zwanzig Jahren eine Million dieser Pflanzen vorhanden sein würde. — Doch wir haben bessere Beweise für unsere Behauptung als Berechnungen und Betrachtungen; wir kennen eine Menge Fälle von der unermesslich raschen und grossen Vermehrung verschiedener Tiere im Naturzustande, wenn die natürlichen Bedingungen ihnen zwei oder drei Jahre lang günstig gewesen sind. Noch grösseren Eindruck auf uns macht das, was wir in verschiedenen Teilen der Erde in Bezug auf unsere zahmen Tiere wahrnehmen, wenn sie wieder verwildern; es erschiene uns unglaublich, wie viel Pferde und Rinder, die sich doch beide nur äusserst langsam vermehren, die Ebenen von Amerika und Australien bevölkern, wenn die Angaben hierüber nicht über allen Zweifel erhaben wären; das ist auch der Fall mit den Pflanzen; es sind Fälle genug bekannt von Pflanzen, die, nachdem sie in einzelnen Exemplaren eingeführt worden waren, im Verlaufe von einigen Jahren ganze Länder bedeckt haben. — Und in solchen Fällen ist nicht der geringste Grund zu der Voraussetzung vorhanden, dass die Fruchtbarkeit dieser Pflanzen und Tiere plötzlich oder zeitweise ungewöhnlich stark zugenommen hätte. Die leichteste Erklärung ist, dass die äusseren Lebensbedingungen sehr günstig, dass als Folge hiervon die Vernichtung von Alt und Jung geringer war, und dass fast alle Abkömmlinge sich fortzupflanzen vermochten. In derartigen Fällen erklärt das geometrische Verhältnis, in dem sie vermehrt wurden, die ausserordentlich rasche Zunahme und weite Verbreitung der einheimisch gewordenen Organismen in ihren neuen Wohnplätzen."

7. Der Kampf ums Dasein ist am heftigsten zwischen Individuen und Varietäten derselben Art und zwischen Arten derselben Gattung, da ihre Bedürfnisse, ihre Lebensweise, ihre Konstitution viel Ähnlichkeit mit einander haben.

„Wir sehen dies in der Thatsache, dass eine gewisse Schwalbenart sich neuerdings über einen Teil Nordamerikas verbreitet hat, wodurch eine andere Art vermindert wurde. Die in den letzten Jahren stattgefundene Vermehrung der Misteldrossel (Turdus viscivorus) in Schottland hat die Verminderung der Singdrossel (Turdus musicus) zur Folge gehabt. Wie oft hören wir, dass eine Rattenart in den verschiedensten Klimaten eine andere verdrängt hat! In Russland hat die asiatische Schabe (Blatta orientalis) überall ihren grösseren Namensgenossen (Blatta germanica) vertrieben. In Neuholland ist die europäische Honigbiene damit beschäftigt, die kleine einheimische, stachellose Biene schnell zu vertilgen. Eine Art Feldsenf vertreibt die andere, und dergleichen Fälle giebt es noch viele."

8. Unter der natürlichen Zuchtwahl versteht Darwin das „Überleben der Tüchtigsten" d. h. die Erhaltung derjenigen Einzelwesen im Kampfe ums Dasein, die sich durch eine wenn auch noch so geringfügige vorteilhafte Abweichung vor ihresgleichen auszeichnen. Die infolge der Vererbung in gleicher Weise vorteilhaft ausgestatteten Nachkommen unterliegen wiederum derselben Zuchtwahl, die daher im Laufe der aufeinander folgenden Generationen eine stete Steigerung der Abweichung und damit eine immer vollkommenere Anpassung der Individuen an die vorhandenen Lebensbedingungen bewirken kann.

„Kann es nun bezweifelt werden, dass bei dem Kampfe, den jedes Individuum um seinen Unterhalt zu führen gezwungen ist, jede auch noch so kleine Variation im Körperbau, in den Gewohnheiten oder Instinkten, die dieses Individuum besser geeignet macht, unter neuen Bedingungen leben zu können, zu seiner Lebenskraft oder Gesundheit beitragen muss? Es wird im Kampfe bessere Aussicht haben, am Leben zu bleiben, und diejenigen seiner Nachkommen, welche die Variation, wie klein sie auch sein möge, erbten, würden ebenfalls eine bessere Aussicht haben. Es werden jedes Jahr mehr Individuen geboren, als am Leben bleiben können, das bescheidenste Körnchen in der Wagschale muss im Laufe der Zeit entscheiden, welche dem Tode zum Opfer fallen und welche am Leben bleiben sollen."

„Um ein fingiertes Beispiel von fortschreitender Veränderung auf einer Insel zu geben, nehme man an, dass die Organisation eines zum Hundegeschlecht gehörenden Tieres, das hauptsächlich auf Kaninchen, manchmal aber auch auf Hasen Jagd macht, in geringem Grade plastisch sei, und dass die Veränderungen auf der Insel Veranlassung gäben, dass sich die Zahl der Kaninchen sehr langsam vermindert und die der Hasen dagegen vermehrt. Die Folge davon würde sein, dass der Fuchs oder Hund Veranlassung bekäme zu dem Versuch, mehr Hasen zu fangen. Da indessen seine Organisation nicht ganz geeignet ist, so werden die Individuen mit den schlanksten Formen, längsten Gliedmassen und dem besten Gesichtsvermögen — mag der Unterschied auch noch so klein sein — doch in geringem Grade begünstigt sein und grössere Aussicht haben, am Leben zu bleiben und diejenige Zeit des Jahres zu überdauern, in welcher die Nahrung am spärlichsten ist. Auch die Jungen, welche sie grossziehen, würden mehr Neigung zeigen, diese Eigentümlichkeiten ihrer Eltern zu erben; die weniger gewandten Individuen aber würden unerbittlich dem Untergange verfallen. Ich habe keinen Grund mehr zu bezweifeln, dass diese Ursachen in tausend Generationen eine merkliche Wirkung haben und die Gestalt des Hundes oder Fuchses zum Fangen von Hasen anstatt von Kaninchen geeignet machen würden."

9. Die natürliche Zuchtwahl ist weiter gehend als die künstliche des Menschen, da ihre Wirkung sich auf die geringfügigste Abänderung, auch der inneren Organe, erstrecken kann, falls diese nur von Vorteil für das betreffende Einzelwesen ist, und da ihr längere Zeiträume zu Gebote stehen. Sie kann aber nicht auf Abänderungen wirken, die für das Wohl des Besitzers gleichgültig oder schädlich sind, selbst wenn diese einer anderen Art zum Vorteil gereichten.

„Der Mensch kann nur auf äusserliche und sichtbare Merkmale wirken; die Natur, wenn wir die Erhaltung oder das Überleben der Tüchtigsten personifizieren dürfen, urteilt nicht nach dem äusseren Schein, ausgenommen in denjenigen Fällen, wo es für die Wesen nützlich sein kann. Sie kann auf jedes innere Organ wirken, auf jeden Schein körperlicher Verschiedenheit, auf die ganze Lebensmaschinerie. Der Mensch wählt nur zu eigenem Vorteil, die Natur zum Vorteil des veränderten Wesens selbst."

„Die natürliche Zuchtwahl kann einzig und allein zum Nutzen eines jeden Wesens wirken, und wir sehen, dass sie ihre Aufmerksamkeit auch auf Dinge richtet, die uns von sehr geringer Wichtigkeit erscheinen. Wenn wir blattfressende Insekten grün und die von der Rinde der Bäume lebenden graugefleckt sehen; wenn wir sehen, dass das Schneehuhn (Lagopus mutus) im Winter weiss ist, dass das Rothuhn (Lagopus scoticus) die Farbe der Heide und das Kornhuhn (Tetrao tetrix) die des Ackers hat, so können wir glauben dass diese Farben für diese Vögel und Insekten insofern nützlich sind, als sie dieselben vor Gefahren schützen. Wenn diese Hühner nicht in einer gewissen Periode ihres Lebens einer Menge schädlicher Einflüsse ausgesetzt wären, würden sie sich in unermesslicher Zahl vermehren; man weiss, dass sie viel von Raubvögeln zu leiden haben, und der Habicht entdeckt seine Beute durch sein scharfes Auge.... Wir haben daher guten Grund anzunehmen, dass die natürliche Zuchtwahl sehr thätig ist in der Richtung, jeder Art von wilden Hühnern eine eigene Farbe zu geben und diese Farbe so viel als möglich zu erhalten, wenn sie einmal vorhanden ist."

Die Heranbildung von Merkmalen, die für den Besitzer von keinem Vorteil oder gar schädlich sind, kann durch die natürliche Auslese im Kampfe ums Dasein nicht erklärt werden. Für solche Merkmale nimmt daher Darwin die oben besprochene Korrelation des Wachstums in Anspruch, oder er nimmt an, dass sie Überbleibsel von Merkmalen seien, die einstens den Vorfahren von Nutzen waren, oder er führt sie schliesslich auf die sogenannte „geschlechtliche Zuchtwahl" zurück, wie z. B. den Kamm des Hahnes, die schön gefärbten Schwanzfedern des Pfaus, die Moschusdrüsen der australischen Moschusente, das Geweih des Hirsches u. s. w. Darnach sollen sich diese Organe aus unscheinbaren Anfängen gebildet und durch Vererbung erhalten und vervollkommnet haben, weil sie zwar nicht im Kampfe um das eigene Leben, wohl aber um den Besitz der Weibchen oder als Anlockungsmittel den Besitzern von Vorteil waren.

10. Auf Grund dieser Darlegungen kommt Darwin also zu dem Schlusse, dass die gesamte Lebewelt aus einer oder wenigen Urformen durch allmähliche Abänderungen im Laufe unermesslicher Zeiträume entstanden sei. Dabei sind die alten Arten, sofern sich unter ihnen infolge vorteilhafter Abänderungen neue Varietäten entwickelten, grösstenteils untergegangen, weil sie eben als weniger zweckmässig organisiert im Kampfe ums Dasein unterliegen mussten. Die zu neuen Arten aber heranreifenden Varietäten haben sich, weil ähnliche Wesen dem härtesten Kampfe ums Dasein ausgesetzt sind, in ihren Charakteren immer weiter von einander entfernt, so dass

die jetzt lebenden Arten durch grösstenteils scharfe Unterschiede von einander getrennt sind.

Nach der Darwinschen Lehre ist es also thöricht, nach Bindegliedern zwischen den jetzt lebenden verwandten Arten zu suchen, da solche nicht existiert haben; man kann nur erwarten, dass die fossilen Funde uns die mit zunehmendem Alter immer ähnlicher werdenden Vorfahren der jetzigen Arten liefern.

---

3. Prüfung der Darwinschen Theorie.

1. Wenn es sich darum handelt, über die Berechtigung und den Wert der Darwinschen Lehre zu urteilen, so ist zunächst festzustellen und festzuhalten, dass diese Theorie eine Hypothese ist und als solche nicht streng bewiesen werden, daher auf unbedingte Sicherheit keinen Anspruch machen kann. Es ist also zu erwägen, ob die Hypothese logisch richtig und den Thatsachen entsprechend aufgebaut ist und ob sie das leistet, was sie verspricht. Hierzu gehört die Untersuchung, ob die in der Darwinschen Theorie behaupteten Vorgänge sich in der That so, wie es behauptet wird, haben abspielen können, ob diese Vorgänge die zu erklärenden Erscheinungen, als da sind: die Mannigfaltigkeit der gegenwärtigen Formen und ihre Artunterschiede, die in der zeitlichen Aufeinanderfolge erkennbare Entwickelung vom Einfachen zum Zusammengesetzten, die zweckmässige Gestaltung der Organismen, als notwendige Wirkungen nach sich ziehen, ob etwa auch alle anderen Folgerungen sich mit der Wirklichkeit decken, u. dgl.

Die Darwinsche Theorie ist eine Hypothese, wie die Atomtheorie, aber doch ganz anderer Art. Die letztere sucht nämlich den inneren Bau der Materie, über den unsere Sinne ihrer Natur gemäss keinen vollen Aufschluss geben können, der Vorstellung zugänglich zu machen. Die Darwinsche Lehre hingegen, soweit sie nur Abstammungslehre ist, tritt als eine Annahme über geschichtliche Begebenheiten auf, die wahrzunehmen unsere Sinne bloss deshalb nicht imstande sind, weil sie sich in längst vergangenen

Zeiten zugetragen haben, aus denen keine wissenschaftlichen Beobachtungen uns sichere Kunde geben und auf die nur mit Hülfe der wenigen Bruchstücke von Urkunden, die die Natur selbst in den Petrefakten hinterlassen, geschlossen werden kann.

2. Die Darwinsche Theorie will erklären, weshalb die Lebewesen gerade die inneren und äusseren Formen angenommen haben, in denen sie sich unseren Augen darbieten. Die natürliche Auslese im Kampfe ums Dasein kann natürlich unmittelbar nur diejenigen Abänderungen erhalten, die für das Leben des Einzelwesens an sich und im Kampfe mit den Mitbewerbern von Vorteil sind. Nennen wir diese Merkmale physiologische, so bestehen daneben aber noch eine Unzahl von Merkmalen, die wir als morphologische bezeichnen können, da sie — unseres Wissens wenigstens — von keiner zwingenden Notwendigkeit für das Leben des Individuums sind. Für diese Merkmale reicht die natürliche Zuchtwahl nicht aus, und selbst die geschlechtliche Zuchtwahl vermag nur eine winzige Anzahl zu deuten. Die Möglichkeit ist allerdings nicht von der Hand zu weisen, dass es noch einmal gelingen wird, eine verborgene physiologische Bedeutung dieser Merkmale zu ergründen; aber solange dies nicht geschehen, zeigt die Theorie eine empfindliche Lücke.

Derartige Merkmale sind aus dem Gebiet des Pflanzenreiches z. B. die Stellungsverhältnisse der Blätter am Stamm und der Blütenteile in den Blüten. Ob eine Blüte vier- oder fünfzählig, ob die Blätter wechsel- oder gegenständig, das scheint uns für das Leben der Pflanze gleichgültig zu sein; und gerade diese Merkmale erhalten sich mit der grössten Zähigkeit. Andererseits ist es in anderen Fällen gelungen, scheinbar rein morphologische Eigentümlichkeiten physiologisch zu deuten, wie z. B. die so sonderbar geformten Orchideenblüten, die dem Insektenbesuch angepasst und daher für die Bestäubung und Vermehrung von der grössten Wichtigkeit sind.

Bezüglich der Tierwelt möge beispielsweise auf die Diatomeen hingewiesen werden, die in Tausenden von Formen vorkommen. Dass manche dem Schweben im Wasser, andere dem Kriechen auf dem Grunde, noch andere wieder dem Angewachsensein an feste, untergetauchte Körper angepasst sind, liesse sich vielleicht durch die natürliche Auslese erklären. Aber der Reichtum an Formen innerhalb dieser Gruppen und die Mannigfaltigkeit in der Gestaltung des Kieselpanzers wird sich schwerlich auf die natürliche Zuchtwahl zurückführen lassen.

Zur Erklärung solcher morphologischen Eigentümlichkeiten zieht Darwin die Korrelation des Wachstums heran, wonach erfahrungsgemäss mit bestimmten Abänderungen des einen Körperteils ebenso bestimmte Veränderungen eines andern verknüpft sind; es könnten also sehr wohl morphologische Abänderungen infolge der Korrelation des Wachstums durch physiologische hervorgerufen werden, die selbst der natürlichen Auslese unterliegen. Da aber nach Darwins eigener Ansicht die Gesetze dieser Korrelation noch völlig dunkel sind, so bleibt hier eine Lücke in der Erklärung gleichwohl bestehen.

Auch ist die Gewichtigkeit des Einwurfes so gross, dass Darwin in den späteren Auflagen seiner Werke mit bewundernswerter Offenheit selbst erklärt hat: „Ich hatte früher die Existenz vieler Strukturverhältnisse nicht hinreichend beachtet, welche, soweit wir es beurteilen können, weder wohlthätig noch schädlich zu sein scheinen, und ich glaube, dies ist eins der grössten Versehen, welche ich bis jetzt in meinem Werke entdeckt habe,“ und ferner: „Ohne Zweifel bietet der Mensch, ebensogut wie jedes andere Tier, Gebilde dar, welche, soweit wir mit unserer geringen Kenntnis urteilen können, jetzt von keinem Nutzen mehr für ihn sind und es auch nicht während einer früheren Periode seiner Existenz weder in Bezug auf seine allgemeinen Lebensbedingungen noch in Beziehung des einen Geschlechts zum anderen gewesen sind. Derartige Gebilde können durch keine Form der natürlichen Zuchtwahl, ebensowenig wie durch die vererbte Wirkung des Gebrauchs oder Nichtgebrauchs von Teilen erklärt werden.“ „Ich bin zu dem Glauben geneigt, dass morphologische Differenzen, welche wir als bedeutungsvoll betrachten, wie die Anordnung der Blätter, die Abteilungen der Blüte oder des Ovariums, die Stellung der Eichen u. s. w. zuerst in vielen Fällen als fluktuierende Abänderungen erschienen sind, welche früher oder später durch die Natur des Organismus und der umgebenden Bedingungen, ebenso wie durch Kreuzung verschiedener Individuen, aber nicht durch natürliche Zuchtwahl konstant geworden sind.“

3. Die Züchtung der Abänderungen von physiologischer Bedeutung soll durch die natürliche Auslese im Kampfe ums

Dasein erfolgen; und zwar kommt Darwin zu dieser Ansicht vermittelst eines Analogieschlusses. Wie der Mensch im Kleinen bei der Züchtung der Haustiere und kultivierten Pflanzen, so wirke die Natur im Grossen. Dieser Analogieschluss ist als solcher nicht beweiskräftig genug, da die Verhältnisse in der freien Natur doch wesentlich anders liegen.

Der Mensch vermag die ihm vorteilhaft dünkenden Abänderungen nicht selbst hervorzubringen; falls sie sich ihm an Einzelwesen darbieten, wählt er diese zur Nachzucht aus, d. h. er unterdrückt die freie Kreuzung, um die Abänderungen durch Vererbung bei den Nachkommen zu erhalten. Immerhin aber geht diese Fähigkeit des Menschen, bis jetzt wenigstens, nur bis zu gewissen, ziemlich engen Grenzen, wenn auch nicht geleugnet werden kann, dass unsere Taubenrassen z. B. so verschieden sind, dass ein Unbefangener sie ohne Kenntnis ihres gemeinsamen Ursprungs sicherlich in verschiedene Arten gliedern würde.

Die Natur hingegen bringt die Abänderungen selbst hervor, und die freie Kreuzung wäre nur dann vermieden, wenn in der That nur die Individuen mit den vorteilhaft abgeänderten Merkmalen im Kampfe ums Dasein überlebten, wobei ausserdem die Frage noch offen bleibt, ob die Vererbung abgeänderter Merkmale in der freien Natur mit derselben Zähigkeit erfolgt, wie im kultivierten Zustande.

4. Das Interesse konzentriert sich demnach auf den Kampf ums Dasein, im besonderen auf die Frage, welche Einzelwesen einer Art in diesem Kampfe unterliegen. Nun sind die hierbei in Betracht kommenden Wechselbeziehungen der Organismen so mannigfaltig und so verwickelt, dass es schwer hält, ein endgültiges Urteil abzugeben. Jedenfalls scheint aber die Rolle des Zufalls zu wenig beachtet zu sein, und im Zusammenhang damit lässt sich zeigen, dass nur dann, wenn eine vorteilhafte Abänderung gleichzeitig bei vielen Individuen und dabei gleich in einer gewissen Stärke auftritt, von einer Erhaltung und Steigerung dieser Abänderung die Rede sein kann.

Dass ein Kampf ums Dasein im Darwinschen Sinne stattfindet, ist gewiss, und es unterliegt auch keinem Zeifel, dass, wenn die Einzelwesen einer und derselben Art genau denselben Lebensbedingungen ausgesetzt wären, die am zweckmässigsten organisierten den Sieg davon trügen. Nun sind aber die Lebensbedingungen thatsächlich sehr ungleich; es mag da an das Gleichnis vom Sämann erinnert werden. Alle Samen, die aus irgend einem Grunde den fruchtbaren Boden nicht erreichen oder dort in eine ungünstige Lage geraten, sind von vornherein von der Entwickelung ausgeschlossen. Jedes Samenkorn bedarf eines Minimums von Lebensbedingungen, um überhaupt aufgehen zu können. Wie vielen wird dieses Minimum überhaupt nicht zu teil? Wenn, was sicherlich nicht zu gering veranschlagt ist, von 100 Körnern vielleicht nur ein einziges zur Reife gelangt, wer bürgt uns dafür, dass dieses Korn gerade den andern gegenüber durch vorteilhafte Abänderungen ausgezeichnet ist und nicht etwa sein Überleben den zufällig günstigen äusseren Umständen verdankt?

Wir wissen eben viel zu wenig über die Ursachen, die die Geschöpfe in der freien Natur dahinraffen. Wahrscheinlich ist wohl, dass die Mehrzahl im frühesten Alter, wo von vorteilhaften Abänderungen noch kaum gesprochen werden kann, zu Grunde gehen und dass die Individuen in ungezählten Mengen gewissen elementaren Gewalten, wie dem Hunger, der Kälte, der übergrossen Nässe oder Trockenheit zum Opfer fallen, elementaren Gewalten, denen gegenüber winzige günstige Abänderungen machtlos sind.

Es kann also nicht zugegeben werden, dass „die geringste vorteilhafte Abänderung,“ „das bescheidenste Körnchen in der Wagschale“ genügt, um das Übergewicht im Kampfe ums Dasein zu begründen. Dem Zufall gegenüber, der bei der Vernichtung der Lebewesen, wie es scheint, eine so grosse Rolle spielt, ist es also notwendig, dass die vorteilhafte Abänderung von vorn herein in einer gewissen Stärke auftritt, wenn das mit ihr ausgestattete Individuum erhalten bleiben soll. Aber auch nur dann, wenn jene Abänderung gleichzeitig vielen Einzelwesen zu teil wird, so dass diese ausschliesslich oder wenigstens überwiegend am Leben bleiben, ist die Gewähr gegeben, dass das Ergebnis der natürlichen Auslese nicht durch die freie Kreuzung wieder zunichte wird.

4. Ist es aber für die Wirkung der natürlichen Auslese notwendig, dass die vorteilhaften Änderungen in einer gewissen Stärke und gleichzeitig bei einer ganzen Reihe von Individuen derselben Art erscheinen, so kann dieses Auftreten selbst nicht mehr ein zufälliges genannt werden, sondern es erscheint als ein notwendiges, durch die Änderung der äusseren Lebensbedingungen (oder durch ein inneres Entwickelungsgesetz) be-

stimmtes Glied in der Gesamtentwickelung der Lebewelt. Diese Entwickelung lässt hierin die Richtung auf ein bestimmtes Ziel erkennen, wie wir dies bei der Entwickelung des Einzelwesens von den Urzellen bis zur vollkommenen Form, mit der jene Stammesentwickelung so oft in Parallele gestellt ist, ja auch deutlich erkennen.

Es ist merkwürdig, dass Darwin dem unmittelbaren Einfluss der äusseren Lebensbedingungen so wenig zuzuschreiben geneigt ist; es geschieht dies mit Rücksicht darauf, dass unter denselben äusseren Umständen die verschiedensten Typen von Pflanzen und Tieren gefunden werden und dass andererseits identische Typen über Gebiete verbreitet sind, in denen sie den verschiedensten Lebensbedingungen unterliegen. Die Änderung der äusseren Bedingungen soll nach Darwin nur bewirken, dass die Organismen ihrer eigenen Natur gemäss (vgl. S. 62) Abänderungen der verschiedensten Art, nach allen möglichen Richtungen, hervorbringen, von denen nur die vorteilhaften im Kampfe ums Dasein erhalten bleiben. Da liegt die Annahme sicherlich ebenso nahe, dass die Organismen, wie sie sich vom Ei an ihrer Natur gemäss nach einer bestimmten Richtung entwickeln, so auch bei Änderung der Lebensbedingungen in ebenso bestimmten Richtungen sich abgeändert haben, bei welcher Annahme dann aber der natürlichen Auslese eine weit bescheidenere Rolle zufällt.

5. Wir sehen also, in welche Schwierigkeiten sich auch die Erklärung der physiologischen Merkmale verwickelt. Aber nehmen wir einmal an, dass alle diese Schwierigkeiten überwunden und alle Lücken ausgefüllt seien, was wäre dann die Darwinsche Theorie? Eine wirkliche Naturgeschichte des Pflanzen- und Tierreiches, eine Ahnengallerie, aber nicht das, was wir schliesslich erstreben und wofür die Theorie so oft ausgegeben worden ist: eine kausale Erklärung der Entwickelung der Lebewelt. Denn was sind die formgestaltenden Faktoren der Transmutation: die Vererbung und die Veränderlichkeit? Es sind Ausdrücke für naturwissenschaftliche Thatsachen, von deren kausaler Erklärung wir noch weit entfernt sind. Ja es kann wohl angenommen werden, dass, wenn uns die kausale Deutung dieser Thatsachen gelungen wäre, wir jener Theorie überhaupt nicht mehr bedürften.

Es fehlt freilich nicht an Versuchen (auch bei Darwin selbst nicht), das Wesen der Vererbung kausal zu erklären, indessen sind diese nicht über die allgemeinsten Umrisse hinaus gediehen. Darwin selbst ist sich vollständig klar darüber, wie unwissend wir auf diesem Gebiete sind, wenn er sagt: „Die Gesetze, denen die Vererbung unterworfen ist, sind fast vollständig unbekannt; niemand kann sagen, warum eine Eigentümlichkeit an verschiedenen Individuen ein und derselben Art oder an Individuen verschiedener Arten zuweilen sich vererbt und zuweilen nicht; warum das Kind nicht selten in gewissen Einzelheiten seinem Grossvater oder seiner Grossmutter oder noch entfernteren Verwandten gleicht; warum ein gewisses Merkmal oft von einem Geschlecht auf beide Geschlechter oder auf nur ein Geschlecht übertragen wird, und zwar gewöhnlich, aber nicht ausschliesslich, auf dasselbe Geschlecht.“

Nun ist es allerdings an und für sich kein Mangel der Darwinschen Theorie, dass sie sich auf noch unerklärte Thatsachen stützt; im Gegenteil, dass sie sich überhaupt auf Thatsachen stützt, sollte ihr hoch angerechnet werden. Aber es muss festgehalten werden, dass die Theorie bei weitem nicht die Endursachen der Entwickelung aufdeckt, und es ist nicht gerechtfertigt, sie mit der Newtonschen Theorie hinsichtlich ihrer Leistungen (ob hinsichtlich der subjektiven Leistungen der Urheber, ist eine andere Frage) auf dieselbe Stufe zu stellen. In Darwin ist uns nicht der „Newton des Grashalms“ erschienen. Freilich bleibt uns auch Newton die Erklärung der Gravitation selbst schuldig, aber seine Deutung geht bis an die letzte Schranke des Naturerkennens, wie sie uns in dem Begriff der Kraft entgegentritt. Auch weiss Newton das Wirkungsgesetz der Gravitation anzugeben und auf völlig einwandfreiem, mathematischem Wege die hierher gehörenden Erfahrungsgesetze abzuleiten. Dass die Darwinsche Theorie nicht auf der gleichen Höhe steht, ist einleuchtend und bei der unermesslich verwickelteren Gestaltung der in Betracht kommenden Vorgänge auch kein Wunder.

Da man bei der Vererbung wie bei der Veränderlichkeit nicht den kausalen Vorgang, sondern nur das Ergebnis, das Endziel jenes Vorganges erkennt, da ferner Darwin die Veränderungen auf die Natur des Organismus, die doch vom Ursprung an eine gewisse Zielstrebigkeit zeigt, zurückführt, so könnte man eher von einem teleologischen, als von einem kausalen Charakter der Darwinschen Lehre sprechen.

6. Einige weitere Schwierigkeiten mögen nur angedeutet werden.

Die erste Entstehung organischen Lebens wird von Darwin nicht erklärt. Das Fehlen der fossilen Mittelformen, wenn es auch auf die ausserordentliche Mangelhaftigkeit der geologischen Urkunden zurückgeführt wird, bleibt immerhin eine empfindliche Beweislücke. Auch ist nicht einzusehen, weshalb, wenn die Abänderungen in der That regel- und ziellos auftraten, doch immer ein Fortschritt vom Niederen zum Höheren, vom Einfachen zum Zusammengesetzten die Folge der natürlichen Auslese gewesen sein soll. Des ferneren bietet die Erklärung der Thatsache Schwierigkeiten, dass gleichzeitig neben den vollendetsten Wesen auch solche noch vorkommen, die auf der niedersten Stufe der Entwickelung stehen.

7. Ein Rückblick auf die obigen Darlegungen zeigt, dass die Darwinsche Theorie, dieser grossartige Versuch, die Entwickelung der Lebewelt und die Zweckmässigkeit der Organismen mit einem Schlage zu erklären, der gewaltigen Aufgabe gegenüber nicht ausreicht. Es klingt sonderbar, aber in Hinsicht auf die fast unübersehbare Verwickelung des Problems scheint es erklärlich, wenn wir trotz des ungeheueren Beobachtungsmaterials, das Darwin wie keinem Anderen zu Gebote stand, gerade dies letztere als nicht zureichend zur Lösung der Frage bezeichnen müssen.

Es ist erstaunlich, mit welch emsigem Fleiss Darwin Beobachtungsergebnisse teils zusammengetragen, teils selbst festgestellt hat; aber gerade die Gesetze der Vererbung, der Veränderlichkeit, die so unendlich mannigfaltigen Wechselbeziehungen der Geschöpfe untereinander und zu der umgebenden anorganischen Natur sind noch so wenig, besonders experimentell, erforscht, dass es freudig zu begrüssen ist, wenn neuere biologische Untersuchungen gerade diese Fragen einer experimentellen Untersuchung unterwerfen. Aus neuester Zeit mögen hier genannt werden: Untersuchungen über den Einfluss künstlicher Eingriffe auf die Entwickelung von Lebewesen im Ei, über die Körperbeschaffenheit der bei grossen Unwettern ums Leben gekommenen Individuen einer und derselben Art, über die Anpassung der Alpenpflanzen (Bonnier) u. dgl.

8. Die Darwinsche Theorie ist darin aber eine echte und leistungsfähige Hypothese, dass sie ausserordentlich fruchttragend auf die Forschung eingewirkt hat; ja man kann geradezu sagen, dass der neueren Forschung Richtung und Ziel durch sie vorgezeichnet worden ist.

Diese von Darwin vorausgesagte Entwickelung hat sich in der That vollzogen. Die Zeit der reinen Naturbeschreibung und Klassifikation, so notwendig beide als Vorstufen einer tieferen Erkenntnis auch sind, ist vorüber. Die dem Systematiker so ärgerlichen Abarten und Übergänge interessieren heute fast noch mehr als die scharf begrenzten Arten und höheren Gruppen. Die embryonale Entwickelung und geographische Verbreitung der Lebewesen, ihre Wechselbeziehungen zu den Mitgeschöpfen und der leblosen Aussenwelt, die physiologischen Prozesse des Tier- und Pflanzenkörpers sind heute mehr als je der Gegenstand eindringenden Studiums. Und das stete Vordringen experimenteller Verfahrungsweisen zeigt sicherer als alles andere an, dass der Trieb der kausalen Erklärung auch auf diesen Gebieten voll erwacht ist.

Nebenbei, obwohl nicht notwendig zur Sache gehörig, sei bemerkt, dass die Darwinsche Theorie auch insofern unheilvoll gewirkt hat, als sie in nicht urteilsfähigen Köpfen vielfach Verwirrung angerichtet hat. Daran ist aber nicht Darwin selbst schuld, sondern diejenigen, die seine Lehre in sogenannten „populären Darstellungen“ unter das Volk geschleudert haben. Mit der ausserordentlichen Vorsicht, mit der Darwin selbst als wahrer Forscher seine Ideen ausspricht, einem sorgfältigen Abwägen, das ihn über 20 Jahre mit der Herausgabe seines Werkes zögern liess, steht die Sicherheit in eigentümlichem Gegensatz, mit der jene Darsteller den hypothetischen Charakter der Darwinschen Lehre ganz unterdrücken und letztere zu ethischen und religiösen Folgerungen der verwegensten Art missbrauchen.

Anmerkung: Die Frage der tierischen Abstammung des Menschen ist in der obigen Darlegung absichtlich nicht herangezogen worden, weil sich bei ihrer Beurteilung Momente eingemengt haben und sich wohl auch stets einmengen werden, die mit einer naturwissenschaftlichen und philosophischen Betrachtung des Gegenstandes nichts zu thun haben, Beweggründe ethischer und religiöser Natur. Man kann diese Frage auch von der allgemeinen Descendenzfrage insofern trennen, als die Möglichkeit der Descendenz sich ohne Rücksicht auf den Menschen untersuchen lässt. Wird diese Möglichkeit verneint, so ist jene Frage ohnehin hinfällig; wird sie bejaht, so steht sie erst in zweiter Linie; sie ist dann zwar für unser Gefühlsleben ungemein wichtig, innerhalb des Gebietes der Abstammungslehre aber von untergeordneter Bedeutung, wenn auch im Hinblick auf die geistigen Eigenschaften des Menschen von der grössten Schwierigkeit.

IV. Die Erklärung der psychischen Erscheinungen.

1. Eigenart der seelischen Zustände.

1. Zu dem Gesamtbild der Natur gehören noch die bisher von der Betrachtung ausgeschlossenen seelischen oder psychischen Erscheinungen, d. h. die stets wechselnden Zustände, die als Gegenstand unserer inneren Wahrnehmung unser Bewusstsein ausmachen, und die man altem Herkommen gemäss in die Gruppen des Denkens, Fühlens und Wollens zerlegt.

Unmittelbar gegeben sind uns nur die Zustände unseres eigenen Bewusstseins. Dass in anderen Menschen auch Vorgänge stattfinden, die mit Bewusstsein verbunden sind, schliessen wir streng genommen nur mittels eines Schlusses aus dem Zeichen, d. h. wir urteilen so auf Grund der an ihnen wahrnehmbaren äusseren Veränderungen, die wir an dem eigenen Leibe als Begleiterscheinungen bestimmter Bewusstseinsvorgänge erkannt haben: je nach dem Ausdruck des Gesichts und der Haltung des Körpers schliessen wir auf die Gefühle der Freude oder der Traurigkeit, die willkürlichen Bewegungen führen wir auf vorangehende Willensakte zurück u. s. w. Eine bedeutsame Rolle spielt hierbei die Sprache; ja sie ist es, die überhaupt erst die Entwickelung der geistigen Fähigkeiten beim Menschen ermöglicht hat, weil sie gerade den Austausch der Gedanken erleichtert und (in der Schrift) die geistigen Werte nutzbar aufzuspeichern gestattet.

Die Lehre von den Bewusstseinserscheinungen ist die Psychologie; der Naturwissenschaft entsprechend gewinnt sie durch Vergleichung und Ordnung der unmittelbar in uns selbst wahrgenommenen Zustände des Bewusstseins die psychologischen Grundbegriffe wie: Empfindung, Gefühl, Wille, Vorstellung, Denken, Aufmerksamkeit u. s. w.

2. Ausser uns schreiben wir den Tieren bis zu einem gewissen Grade Bewusstsein zu; wo aber im Tierreich die untere Grenze des Bewusstseins liegt, ja ob möglicherweise den Pflanzen eine vielleicht von der unserigen verschiedene Art des Bewusstseins zuzusprechen sei, ist nicht mit Sicherheit festzustellen. Wohl aber steht fest, dass die Bewusstseinserscheinungen um so mannigfaltiger und verwickelter werden, je mehr die Entwickelung bestimmter Organe des Körpers sich der unserigen nähert. Diese Organe sind das Nervensystem und im besondern das Gehirn. Namentlich scheint das Grosshirn der Träger der Bewusstseinserscheinungen (im bildlichen Sinne) zu sein.

Dass auch Tiere mit Bewusstsein ausgestattet, also nicht reine Automaten sind (wie Cartesius annahm), schliessen wir vermittelst eines Schlusses aus der Ähnlichkeit, der aber natürlich um so unzuverlässiger wird, je weiter sich die Tiere in ihrer Organisation von der unsrigen entfernen.

Auf der Stufenleiter des Tierreiches zeigt das Nervensystem eine immer grössere Ausdehnung und Verzweigung, eine immer mehr zunehmende Verschiedenartigkeit des inneren Baues, mit der eine vielfache Teilung der Arbeit Hand in Hand geht. Das gilt besonders für den Tierkreis der Wirbeltiere. Hier nimmt in der aufsteigenden Reihe das Gehirn immer mehr an relativer Grösse (verglichen mit dem Gesamtgewicht des Einzelwesens) und innerer Entfaltung zu. „Beim Menschen überwuchert im Laufe des Wachstums das vordere Hirnorgan (das sogenannte Grosshirn) das Mittelhirn und zuletzt das Kleinhirn. Es ist unmöglich zu verkennen, dass die Ausbildung des Centralorgans in genauem Verhältnisse zu den geistigen Fähigkeiten einer Gattung steht und dass insbesondere die überwiegende Entwickelung des Grosshirns beim Menschen die anatomisch-physiologische Thatsache ist, in welcher die höhere Entwickelung des Bewusstseins beim Menschen im Gegensatze zu den vorzugsweise auf Sinnesempfindung und Muskelbewegung eingeschränkten Tieren zum Ausdruck gelangt. Denn die untergeordneten Hirngebilde, das verlängerte Mark, das kleine Gehirn, die Hirnhügel, stehen nicht unmittelbar zu den Bewusstseinserscheinungen in Beziehung, sondern sie regulieren teils rein physiologische Vorgänge, wie die Atmung, die Herzthätigkeit, teils bringen sie gehörige Ordnung der unwillkürlichen Körperbewegungen zustande, wobei überall das Bewusstsein gar nicht oder nur ausnahmsweise beteiligt ist. Dies ist auf anatomischem Wege durch das ausschaltende Experiment sichergestellt worden, welches dadurch ermöglicht wird, dass Vögel und selbst niedere Säugetiere längere Zeit nach Exstirpation des Grosshirns am Leben erhalten werden können. Solche Tiere zeigen den Wegfall derjenigen Erscheinungen, welche nicht auf dem Wege des blossen Reflexes ausgelöst werden, also gerade der eigentlich psychischen Phänomene: alles, was wir Verstehen, Überlegen, Gedächtnis, Gefühl nennen, ist verschwunden. Das Grosshirn ist der Sitz des Gedächtnisses." (Jodl.)

3. Der Umstand, dass Bewusstseinserscheinungen unseres Wissens nur in Wesen stattfinden, die mit Nervenapparaten ausgerüstet sind (und auch andere Gründe, die uns im folgenden Abschnitte beschäftigen werden), legt die Frage nahe, ob die Bewusstseinserscheinungen mit der Thätigkeit dieser Organe, die wir uns nach der mechanischen Weltanschauung mit Recht als molekulare Bewegungen und Umlagerungen zu denken haben, etwa identisch sind. Das ist nämlich die These des strengen Materialismus: Bewusstseinserscheinungen sind nichts anderes als eigentümliche Bewegungen der Hirnmoleküle; ausser der Materie und ihren Bewegungen giebt es nichts in der Natur.

Um diese Frage zu beantworten, ist es zweckmässig, einmal anzunehmen — was in Wirklichkeit durchaus nicht zutrifft —, die im Gehirn sich abspielenden Bewegungen und Zustände der Moleküle seien bis ins Kleinste erforscht. „Die unwillkürlichen und nicht notwendig mit Empfindung verbundenen Wirkungen der Centralteile, Reflexe, Mitbewegung, Atembewegungen, Tonus, der Stoffwechsel des Gehirnes und des Rückenmarkes u. d. m. wären erschöpfend erkannt. Auch die mit geistigen Vorgängen der Zeit nach stets, also wohl notwendig zusammenfallenden materiellen Vorgänge wären ebenso vollkommen durchschaut. Und es wäre natürlich ein hoher Triumph, wenn wir zu sagen wüssten, dass bei einem bestimmten geistigen Vorgang in bestimmten Ganglienzellen und Nervenfasern eine bestimmte Bewegung bestimmter Atome stattfinde. Es wäre grenzenlos interessant, wenn wir so mit geistigem Auge in uns hineinblickend die zu einem Rechenexempel gehörige Hirnmechanik sich abspielen sähen wie die Mechanik einer Rechenmaschine; oder wenn wir auch nur wüssten, welcher Tanz von Kohlenstoff-, Wasserstoff-, Stickstoff-, Phosphor- und anderen

Atomen der Seligkeit musikalischen Empfindens, welcher Wirbel solcher Atome dem Gipfel sinnlichen Geniessens, welcher Molekularsturm dem wütenden Schmerz beim Misshandeln des Nervus trigeminus entspricht.... Für jetzt wissen wir noch nicht einmal, ob nur die graue, oder ob auch die weisse Gehirnsubstanz denkt, und ob einem bestimmten Seelenzustand eine bestimmte Lage oder eine bestimmte Bewegung von Hirnatomen oder Molekeln entspricht." (Du Bois Reymond.)

4. Wenn nun die Bewusstseinserscheinungen in der That nichts anderes wären als Molekularbewegungen, so müssten sie uns bei „astronomischer" Kenntnis des Gehirns genau ebenso begreiflich sein, wie diese Bewegungen selbst. Wir müssten also, um nur ein einfaches Beispiel herauszugreifen, wenn Ätherschwingungen von 400 Bill. in der Sekunde unser Auge treffen und in unserm Gehirn bestimmte Molekularbewegungen zuwege bringen, nun auch genau wissen, weshalb alsdann gerade die Empfindung „rot" und keine andere in unserem Bewusstsein auftaucht. Das ist aber ganz und gar undenkbar, und ist es dies schon in dem (einfachsten) Falle einer einfachen Sinnesempfindung, wie viel mehr erst bei den mannigfaltigeren und verwickelteren geistigen Vorgängen.

In diesem Punkte stimmen hervorragende Naturforscher überein. „Was nun aber die geistigen Vorgänge selber betrifft, so zeigt sich, dass sie bei astronomischer Kenntnis des Seelenorgans uns ganz ebenso unbegreiflich wären, wie jetzt. Im Besitze dieser Kenntnis ständen wir vor ihnen wie heute als vor einem völlig Unvermittelten. Die astronomische Kenntnis des Gehirns, die höchste, die wir davon erlangen können, enthüllt uns darin nichts als bewegte Materie. Durch keine zu ersinnende Anordnung oder Bewegung materieller Teilchen aber lässt sich eine Brücke ins Reich des Bewusstseins schlagen." (Du Bois-Reymond.) „Der Übergang von der Mechanik des Gehirns zu der entsprechenden Thatsache des Bewusstseins ist undenkbar. Zugegeben, dass ein bestimmter Gedanke und ein bestimmter molekularer Vorgang gleichzeitig im Gehirne stattfinden, so besitzen wir doch nicht das geistige Organ und anscheinend auch nicht einmal die Anlage zu einem solchen, welches uns befähigte, durch irgend einen Denkprozess vom Einen zum Andern überzugehen. Sie treten zusammen auf, allein wir wissen nicht warum. Wären unsere Seele und unsere Sinne so entwickelt, gekräftigt und erleuchtet, dass wir die Molekeln des Gehirns selbst sehen und fühlen könnten; wären wir fähig, allen ihren Bewegungen, ihrer Gruppierung und ihren elektrischen Entladungen, falls es solche hierbei giebt, zu folgen; und wären wir auf das genaueste bekannt mit dem entsprechenden Zustand von Gedanken und Gefühlen, so wären wir doch so weit entfernt als je von der Lösung des Rätsels: Wie sind diese physikalischen Vorgänge mit den Thatsachen des Bewusstseins verknüpft? Der Abgrund zwischen beiden Erscheinungsarten wäre geistig noch immer unüberschreitbar. Verbinden wir z. B. das Bewusstsein der Liebe mit einer nach rechts laufenden Spiralbewegung der Gehirnmolekeln und das Bewusstsein des Hasses mit einer nach links laufenden Spiralbewegung. Wir wüssten alsdann, dass die Bewegung nach einer Seite geht, wenn wir lieben, und nach der andern, wenn wir hassen, aber das „Warum?“ wäre so wenig beantwortet, als zuvor.“ (Tyndall.)

5. Demnach ist die Behauptung, Molekularbewegung der Hirnmoleküle und die Erscheinungen des Bewusstseins seien ein und dasselbe, zurückzuweisen, und es muss anerkannt werden, dass die psychischen Vorgänge und Zustände, weil von Grund aus und dem Wesen nach verschieden, ganz unvergleichbar mit den physischen Erscheinungen sind.

Aus den obigen Darlegungen folgt also nicht der Satz: Gehirn ist Bewusstsein, sondern höchstens: Ohne Gehirn kein Bewusstsein. Der Materialismus könnte freilich noch folgenden Einwand etwa erheben: Wie wir bei einem sich schnell drehenden Schwungrad die Bewegung der Speichen nicht mehr erkennen, sondern das betreffende Gesichtsfeld zwischen Welle und Radkranz gleichmässig abgetönt sehen, obwohl wir wissen, dass in diesem Gesichtsfeld die Speichen sich thatsächlich bewegen, so könnte auch eine gewisse Bewegung der Hirnmoleküle in der freilich ganz anderen Form der Empfindung „rot“ uns zum Bewusstsein kommen. Die Schwierigkeit ist aber gerade nach wie vor, zu erklären, wie uns diese Bewegung in der Form der Empfindung zum Bewusstsein kommt. Das Bewusstsein setzt eben ein Subjekt voraus, dem etwas bewusst wird. Sollen denn die in Bewegung befindlichen Moleküle etwa selbst die Empfindung haben oder die benachbarten Moleküle jene Bewegung als rot empfinden? Was aber davon zu halten ist, der Materie selbst die Eigenschaft der Empfindung beizulegen, wird der letzte Abschnitt lehren.

2. Selbständigkeit der psychischen Vorgänge in ihrer Beziehung zu den physischen Erscheinungen.

1. Die Beziehungen zwischen den Bewusstseinserscheinungen und den in Nerven und Gehirn ablaufenden mechanischen Vorgängen sind aber noch weit innigere, als oben dargelegt worden ist. Es ist nicht nur ein Parallelismus vorhanden zwischen der Entwickelung des Gehirns und der Entfaltung der Geistesthätigkeit, sondern auch bei dem einzelnen Menschen entspricht die seelische Thätigkeit so sehr der (wechselnden) Beschaffenheit des Gehirns, dass Verletzungen des letzteren auch Störungen des seelischen Lebens zur Folge haben.

„Ein Knochensplitter dringt ins Gehirn, als psychische Wirkung tritt nicht nur eine Störung der intellektuellen Thätigkeit, sondern auch eine vollständige Veränderung des Charakters ein, der Kranke ist misstrauisch, verschlossen, eigensinnig. Mit der Entfernung des Knochensplitters verschwindet auch die psychische Veränderung. Ebenso findet im Greisenalter regelmässig Herabsetzung der geistigen Thätigkeit, oft bis zu vollem Verlust des Urteils statt; die anatomische Untersuchung ergiebt, dass Schrumpfung und Entartung des Gehirns Ursache ist. Jede Geisteskrankheit, das ist die Überzeugung der heutigen naturwissenschaftlichen Psychiatrie, ist Gehirnkrankheit, ob diese nun durch die anatomische Untersuchung nachgewiesen werden kann oder nicht.“ So etwa würde der Materialismus seine Stellung weiter verteidigen, um, wenn auch nicht die Eigenart der psychischen Vorgänge zu leugnen, so doch ihre volle kausale Abhängigkeit von den materiellen Zuständen des Gehirns und damit von den Einflüssen der Aussenwelt zu behaupten.

2. Diese innige Beziehung zwischen den Zuständen des Gehirns und unserer seelischen Thätigkeit lässt also immerhin die Annahme noch als möglich erscheinen, dass die Bewegungen der Gehirnmoleküle zwar nicht mit den psychischen Vorgängen identisch, dass aber „alle jene Fähigkeiten, die wir unter dem Namen Seelenthätigkeiten begreifen, nur Funktionen des Gehirns sind, oder, um es einigermassen grob auszudrücken, dass die Gedanken etwa in demselben Verhältnis zum Gehirn stehen, wie die Galle zur Leber oder der Urin zu den Nieren.“

Damit wird den seelischen Vorgängen zwar nicht die Eigenart, aber die Selbständigkeit abgesprochen. Nach dieser Ansicht bricht also der Prozess der physischen Kausalität im Gehirn irgendwo ab, um den betreffenden seelischen Vorgang an die Stelle treten zu lassen. Letzterer zieht alsdann mit gleicher kausaler Notwendigkeit entweder andere seelische Erscheinungen nach sich oder verwandelt sich in physische Bewegung zurück. (Dieselbe Überzeugung von einer Wechselwirkung zwischen Leib und Seele hat auch die gewöhnliche Meinung, nach der aber die seelischen Vorgänge selbst nicht mit unbedingter kausaler Notwendigkeit aneinandergekettet sind, sondern eigenen Gesetzen folgen.)

3. Thatsachen, die mit unbedingter Sicherheit für oder gegen diese Ansicht entscheiden könnten, sind nicht bekannt, und ihre Entdeckung ist bei der ungemein grossen Schwierigkeit der Frage kaum zu erwarten. Das aber steht fest, dass jene Meinung dem obersten Grundsatz der Naturwissenschaft, aus der sie sich ja gerade entwickelt hat, dem Gesetz von der Erhaltung der Energie widerspricht. Die von aussen an unsere Sinne herantretenden Bewegungsreize bewahren nach diesem Gesetze auch im Gehirn ihre volle Energie, sei es dass sie wieder andere Bewegungen hervorbringen oder sich in potentielle Energie umsetzen. Energie bleibt Energie, eine Umsetzung in psychische Werte ist ausgeschlossen. Also kann auch von einem kausalen Zusammenhang zwischen physischen und psychischen Erscheinungen nicht die Rede sein.

Der Materialismus führt also in seiner Konsequenz über seinen eigenen Standpunkt hinaus und vernichtet sich selbst. Führt der Materialist das Gesetz von der Erhaltung der Energie nicht streng durch, so macht er gerade da eine Ausnahme, wo nach seiner Meinung eben keine Ausnahme sein soll. Das Gesetz von der Erhaltung der Energie ist zwar, wie im ersten Teil gezeigt, keineswegs bewiesen oder auch nur beweisbar; aber gerade für den Materialisten, der auf dem Boden der exakten Naturforschung stehen will, ist ein Verzicht darauf nicht möglich.

4. Wenn wir bei den Thatsachen bleiben, so können wir nur feststellen, dass bei gewissen äusseren Reizen bestimmte Empfindungen in unserem Bewusstsein auftauchen und dass andererseits gewissen inneren Zuständen, die wir als Willens-

akte bezeichnen, ebenso bestimmte äussere Bewegungen entsprechen, dass also die physischen und psychischen Vorgänge einander parallel laufen, womit aber nicht von vorn herein gesagt zu sein braucht, dass jedem physischen nun auch ein psychischer Vorgang und umgekehrt entspreche. Ein Kausalverhältnis besteht wohl zwischen den aufeinanderfolgenden Gliedern der physischen Reihe, allem Anschein nach auch zwischen denen der psychischen, aber nicht zwischen beiden wechselseitig. Die gegenseitige Beziehung aufzuklären, ist uns nicht möglich und wird uns vielleicht niemals möglich sein. Wir stehen, wie es scheint, hier an der Grenze unserer Erkenntnis.

Diese Theorie des Parallelismus zwischen den leiblichen und seelischen Erscheinungen ist also nicht die Lösung des Rätsels, sondern das Rätsel selbst. Über sie hinaus führen nur ganz allgemein gehaltene Hypothesen, über deren Berechtigung bei dem heutigen Stande des Wissens sich schwer ein Urteil fällen lässt.

V. Die Subjektivität unserer Erkenntnis.

1. Wie die vorstehenden Untersuchungen gezeigt haben, erweist sich die mechanische Weltauffassung manchen Problemen gegenüber als unzulänglich. An und für sich brauchte diese Thatsache nun nicht weiter zu befremden, denn unter jenen Schwierigkeiten sind sicherlich einige, denen die mechanische Ansicht nur gegenwärtig ratlos gegenübersteht und deren Überwindung von der stets fortschreitenden Wissenschaft wohl erwartet werden darf. Anders aber verhält es sich mit den Bewusstseinserscheinungen; hier versagt jene Auffassung völlig und die Lösung der Aufgabe, die psychischen Vorgänge auf Bewegungen von Atomen zurückzuführen, scheint jenseits der Grenzen der Möglichkeit zu liegen. Weshalb wollen denn die Bewusstseinserscheinungen sich nicht in die Vorgänge der Aussenwelt einreihen lassen, weshalb widerstreben gerade sie einer mechanischen Deutung?

Die Beantwortung dieser Frage ist nicht so sehr schwer, wenn wir uns nur den Standpunkt der Betrachtung klar vergegenwärtigen, den wir bisher eingenommen haben. Wir haben die Aussenwelt ohne Besinnen als gegeben angenommen, wir haben ihre Erscheinungen auf Atome und ihre Bewegungen zurückgeführt und nun schliesslich versucht, von diesem äusseren Standpunkt aus die Bewusstseinserscheinungen zu deuten, also, bildlich gesprochen, den Blick von aussen in das Innere unseres Bewusstseins gerichtet. Bei der ständigen Beschäftigung mit den Atomen und ihren Bewegungen vergassen wir aber nur zu leicht, dass dieser ganze Aufbau der Aussenwelt doch schliesslich nur ein Werk unseres Verstandes ist, ein Werk, das nur im Bewusstsein und durch unsere seelische Thätigkeit entsteht. Es erscheint daher nunmehr notwendig, einmal den umgekehrten Weg einzuschlagen, also, um bei dem obigen Bilde zu bleiben, einmal von innen nach aussen zu sehen, d. h. zu untersuchen, wie wir denn überhaupt zur Kenntnis der Aussenwelt gelangen. Diese Überlegung zieht aber eine Änderung des bisherigen Standpunktes der Betrachtung nach sich, nicht minder grundsätzlich und einschneidend, als es die That des Kopernikus war, als er, dem Augenschein zuwider, die Bewegung der Erde um die Sonne lehrte.

Dem naiven Sinn erscheint freilich eine solche Untersuchung überflüssig, ihm liegt die Aussenwelt so offen und klar, so „handgreiflich" vor Augen, dass irgend ein Zweifel an ihrer Realität keinen Fuss zu fassen vermag. Aber schon die mechanische Weltauffassung selbst geht über den Standpunkt der naiven Auffassung der Wirklichkeit (des naiven Realismus) weit hinaus. Der naive Mensch zweifelt nicht daran, dass z. B. die Farbe, wie er sie wahrnimmt, den wahrgenommenen Gegenständen anhaftet; er würde sicherlich die Frage, ob denn in einem ganz dunklen Raume die Dinge auch noch farbig seien, bejahen. Die Naturwissenschaft hingegen führt die verschiedenen Farben wie die Töne auf Bewegungen von Äther- und Körpermolekülen zurück, steht also nicht an, jene Wahrnehmungen selbst für subjektiven Schein zu erklären.

2. Eine nähere Überlegung zeigt nun, dass, wie auch immer die Aussenwelt beschaffen sein mag, unmittelbar gegeben und darum auch unmittelbar gewiss uns nur die Erscheinungen des eigenen Bewusstseins sind.

Dieser Gedanke beherrscht die ganze neuere Philosophie. Ihn finden wir in etwas roher Weise bereits bei Cartesius entwickelt. Von der Erwägung ausgehend, dass unsere Sinne uns zuweilen täuschen und uns Dinge vorspiegeln, die wir nachträglich als nicht vorhanden oder nicht so beschaffen erkennen, wie wir sie wahrnehmen, dass wir ferner während des Schlafes im Traume Vorstellungen haben, denen in Wahrheit nichts Wirkliches entspricht, hält Cartesius es für möglich und berechtigt, auch an der Wirklichkeit dessen, das man im wachen Zustande wahrnimmt, zu zweifeln, also zu glauben, dass das ganze Leben gewissermassen ein einziger Traum, eine Täuschung sei. Aber selbst bei dieser weitgehendsten Annahme zeigt sich, dass die Vorstellungen, die das denkende Subjekt hat, als solche nicht weggeleugnet werden können, dass also die Vorstellungen selbst thatsächlich in unserem Bewusstsein sind, wenn auch die Möglichkeit vorliegt, dass ihnen gar keine oder ganz andersartige Dinge ausser uns entsprechen, eine Erkenntnis, die Cartesius in die berühmten Worte kleidet: Cogito, ergo sum.

Heutzutage würden wir z. B. darauf hinweisen, dass, wenn gleichzeitig mit einem Schlag auf das Auge eine Lichtempfindung in unserem Bewusstsein entsteht, wir diese Lichtempfindung unter allen Umständen als solche haben, mögen wir auch noch so sehr überzeugt sein, dass ihr in Wirklichkeit nicht das, was wir sonst Licht nennen, entspricht. Helmholtz selbst legt dar, „dass keine unzweifelhaft gegenwärtige Empfindung durch Erfahrung, d. i. durch einen Akt des Verständnisses beseitigt und überwunden werden kann." „Bei allen Sinnestäuschungen z. B., welche durch anormal erregte Empfindungen hervorgerufen werden, wird die täuschende Empfindung nie beseitigt durch die widersprechende bessere Erkenntnis des Objekts und durch die Einsicht in die Ursache der Täuschung."

Aber auch abgesehen von allen Sinnestäuschungen, deren Betrachtung ja schon das Vorhandensein und die normale Wirkungsweise der Aussenwelt voraussetzt, lässt sich deutlich erkennen, wenn das denkende Subjekt sich nur einmal ernstlich auf sich selbst und seine Thätigkeit besinnt, dass nichts so gewiss ist als die Empfindungen und Vorstellungen des eigenen Bewusstseins, solange man sie nur als solche auffasst, sie also nicht auf eine Aussenwelt bezieht, als deren Wirkungen etwa sie uns bewusst werden.

3. Daraus geht klar hervor, dass wir, wenn es eine von unserem Bewusstsein unabhängige Aussenwelt überhaupt giebt, eine Kenntnis dieser Aussenwelt doch zunächst einzig und allein in den Vorstellungen unseres Bewusstseins haben, wie sie durch Vermittelung der Sinne zustande kommen. Die Aussenwelt, der eigene Leib eingeschlossen, existiert also zunächst nur als Vorstellung im Bewusstsein des Vorstellenden.

Auf diesem Standpunkt bleibt der subjektive Idealismus stehen; ihm ist die Welt nur Vorstellung des Ich, der nichts Wirkliches und unabhängig vom Bewusstsein Daseiendes entspricht. Ganz abgesehen davon, dass die konsequente Verfolgung dieses Standpunktes auf unüberwindliche Schwierigkeiten und zu ungereimten

Folgerungen führt, wird der Umstand vernachlässigt, dass die Bewusstseinserscheinungen nicht gleichartig sind, insofern manche willkürlich hervorgerufen werden können, während andere sich ohne und oft gegen unseren Willen einstellen, und dass in alle Vorstellungen (des wachen Zustandes) die unseres eignen Leibes als nicht auszuschaltender Bestandteil eingeht.

Indessen, so unvernünftig diese Ansicht auch sein mag, so muss man doch sagen, dass man mit absoluter Sicherheit nicht über den Standpunkt des subjektiven Idealismus hinausgehen kann, so gewiss und schwerwiegend ist die Thatsache, dass wir nur unsere Vorstellungen unmittelbar erkennen. Selbst Helmholtz, dem nichts ferner liegt, als eine Zustimmung zu jener Ansicht, erklärt: „Ich sehe nicht, wie man ein System selbst des extremsten Idealismus widerlegen könnte, welches das Leben als einen Traum betrachten wollte. Man könnte es für so unwahrscheinlich, so unbefriedigend wie möglich erklären — ich würde in dieser Beziehung den härtesten Ausdrücken der Verwerfung zustimmen — aber konsequent durchführbar wäre es.“

4. Mit der Annahme also, dass es überhaupt eine reale Aussenwelt giebt, die auch da sein würde, wenn kein einziges mit Bewusstsein ausgestattetes Wesen vorhanden wäre, setzt die Hypothese ein. Unter dieser Annahme erhebt sich alsdann die neue Frage, ob denn dieses Reale unseren Vorstellungen kongruent ist, um einen mathematischen Ausdruck zu gebrauchen, oder nur ähnlich oder ganz andersartig.

Die erste Frage wird von der Naturwissenschaft selbst verneint. Die Eingangspforten unserer Erkenntnis sind die Sinneswerkzeuge (natürlich zunächst selbst als Vorstellungen). Die Forschungen der Sinnesphysiologie haben nun deutlich gelehrt, dass nicht nur jedes Sinnesorgan auf verschiedene Reize in derselben Weise reagiert, sondern dass auch ein und derselbe Reiz, auf verschiedene Organe einwirkend, verschiedene, der Empfindungsweise der Organe entsprechende Erregungen unseres Bewusstseins zustande bringt. „Der Sehnerv empfindet alles, was er überhaupt empfindet, in der Form von Lichterscheinungen im Sehfelde. Es braucht nicht äusseres Licht zu sein, was ihn erregt. Auch ein Stoss oder Druck aufs Auge, eine Zerrung der Netzhaut bei schneller Bewegung des Auges, Elektrizität, die den Kopf durchfliesst, veränderter Blutdruck erregen in ihm Empfindung; aber in allen diesen Fällen ist die erregte Empfindung immer nur Lichtempfindung und macht im Gesichtsfeld ganz denselben Eindruck, als rührte sie von einem äusseren Licht her. Stoss, Druck, Zerrung, elektrische Strömung können aber auch die Haut erregen, wir fühlen sie als Tastempfindung; ja dieselben Sonnenstrahlen, welche dem Auge als Licht erscheinen, erregen in der Haut die Empfindung von Wärmestrahlung. Durch elektrische Ströme erregen wir aber auch Geschmack- oder Gehörempfindung, je nachdem sie die Zunge oder das Ohr treffen. Daraus also folgt der in neuerer Zeit viel besprochene Satz, dass gerade die einschneidendsten Unterschiede unserer Empfindungen gar nicht von dem Erregungsmittel, sondern nur von dem Sinnesorgan, welches erregt worden ist, abhängen. Wir erkennen die tief einschneidende Natur der bezeichneten Unterschiede an, indem wir von fünf verschiedenen Sinnen des Menschen reden. Zwischen Empfindungen verschiedener Sinne ist nicht einmal eine Vergleichung möglich, nicht einmal ein Verhältnis der Ähnlichkeit und Unähnlichkeit. Dass wir ein Objekt als farbiges Gesichtsbild sehen, hängt nur vom Auge ab; in welcher Farbe wir es aber sehen, allerdings auch von der Art des Lichts, das es uns zusendet. Dieses Gesetz ist von Johannes Müller, dem Physiologen, nachgewiesen worden und als das Gesetz der spezifischen Sinnesenergieen bezeichnet. Aber auch die im einzelnen weiter geführten Vergleiche der Qualitäten der Empfindungen je eines Sinnes mit den Qualitäten der einwirkenden Reizmittel lassen erkennen, dass Gleichheit des Farbeneindrucks bei den verschiedensten Lichtmischungen vorkommen kann und gar nicht mit der Gleichheit irgend welcher anderen physikalischen Wirkungen des Lichts zusammenfällt.“ (Helmholtz.)

Dieses Gesetz der spezifischen Sinnesenergieen hat nun zwar in neuerer Zeit vielfachen Widerspruch erfahren, wenigstens was seine Deutung anbetrifft. So vertritt Wundt den Standpunkt, dass der Sehnerv, weil er durchgehends durch Ätherwellen erregt werde, sich der Leitung dieser Reize allmählich derart anpasse, dass er schliesslich auch bei einem ganz andersartigen Anstoss in der gewohnten Weise leite. Und Riehl weist darauf hin, dass z. B. ein Schlag aufs Auge, der als mechanischer Stoss von der Haut, als Licht vom Auge und als Schall durch das Ohr empfunden werde, sich ja in Äther- und Schallwellen umsetzen könne, bevor er für Auge und Ohr aufnahmefähig würde. Wie dem auch sei, jedenfalls steht das Eine fest, dass die Sinnesorgane aus den an sie herantretenden zusammengesetzten Reizen nur die herausgreifen, denen sie angepasst sind, und nur diese in bestimmter Weise weiter leiten.

Sollte man also, aller Wahrscheinlichkeit zum Trotz, doch annehmen, dass die Sinne uns die Aussendinge so darstellen, wie sie wirklich sind, so müsste man wenigstens zugestehen, dass sie uns kein lückenloses Bild der Aussenwelt liefern. Die Empfindungsfähigkeit des Sehnerven erstreckt sich auf Ätherwellen, deren Schwingungszahlen die Grenzen von 400 und 800 Billionen nicht überschreiten. Für die ultraroten und ultravioletten Strahlen, die sich unseres Wissens von den Lichtstrahlen nur quantitativ nicht ihrem Wesen nach unterscheiden, ist das Auge blind. Die hohen Töne, die gewisse Insekten hervorzubringen verstehen, hören wir nicht, obgleich wir Grund genug zu der Annahme haben, dass sie von den Insekten selbst als solche wahrgenommen werden. Für die unmittelbare Wahrnehmung elektrischer und magnetischer Vorgänge fehlt uns überhaupt das empfindende Organ; wir vermögen sie nur auf Umwegen zu erkennen. Einem Wesen, dessen Auge für alle möglichen Strahlengattungen empfänglich wäre, würde die Aussenwelt mindestens viel reicher und mannigfaltiger gegliedert erscheinen.

5. Eine eingehende Untersuchung lässt es als im höchsten Grade wahrscheinlich erscheinen, dass die durch unsere Sinne vermittelten Empfindungen, die wir als Farbe, Ton, Wärme, Geruch, Geschmack bezeichnen, nicht als **Abbilder**, sondern nur als **Zeichen** der wirklichen Dinge zu werten sind.

Den Unterschied zwischen Bild und Zeichen legt Helmholtz klar in den Worten dar: „Vom Bild verlangt man irgend eine Art der Gleichheit mit dem abgebildeten Gegenstand, von der Statue Gleichheit der Form, von einer Zeichnung Gleichheit der perspektivischen Projektion im Gesichtsfeld, von einem Gemälde auch noch Gleichheit der Farben. Ein Zeichen aber braucht gar keine Ähnlichkeit mit dem zu haben, dessen Zeichen es ist. Die Beziehung zwischen beiden beschränkt sich darauf, dass das gleiche Objekt, unter gleichen Umständen zur Einwirkung kommend, das gleiche Zeichen hervorruft, und dass also ungleiche Zeichen immer ungleicher Einwirkung entsprechen.“

Wer den Farben selbst ein reales Sein ausser unserem Bewusstsein zuschreibt, der verkennt nicht nur die Rolle des vorstellenden

Subjekts, sondern vergisst auch, dass die Farbe von der Beleuchtung abhängig ist. In einem stockfinstern Raume kommt keine Farbenempfindung zustande, ebensowenig auch dann, wenn kein farbenempfindliches Auge zugegen ist. Der Satz: die Blätter der Buche sind grün, müsste also eigentlich heissen: Die Blätter der Buche erscheinen uns grün, wenn sie hinreichend beleuchtet und unser Auge gesund ist. Ein Strauss leuchtend roter Rosen, der unser Auge entzückt, erscheint tiefschwarz, falls er nur durch die gelbe Natriumflamme beleuchtet wird. Damit erledigt sich auch die Frage: Sind die Buchenblätter noch grün, die Rosen noch rot, wenn stockdunkele Nacht eingetreten oder kein Auge darauf gerichtet ist? Denn ersetzt man in dieser Frage das Wort „sind" durch „erscheinen", so ergiebt sich die Antwort von selbst.

„Wir nennen eine Nahrung gesund, eine Frucht wohlschmeckend. Was heisst dass? Ist die Gesundheit in der Nahrung oder der Wohlgeschmack im Apfel? Offenbar nicht, das sieht auch der gesunde Menschenverstand, sondern in dem, der ihn isst; in dem Apfel ist nur etwa eine Kraft, den Geschmackssinn so zu affizieren. Wir nennen den Zucker süss; liegt die Sache hier anders? Vielleicht wird die gemeine Vorstellung hier bedenklich: der Zucker ist doch wirklich selber süss. — Freilich ist er; aber was bedeutet das? Wenn ihr genauer zuseht, doch nichts anderes als: wenn er auf die Zunge kommt, schmeckt er süss. Das Schmecken aber ist doch wieder nicht in dem Zucker, sondern in euch; in ihm mag eine Kraft, eine Beschaffenheit sein, welche macht, dass ihr diesen Geschmack habt. Gäbe es überhaupt keine Zunge, so schmeckte auch nichts weder süss noch bitter, so gäbe es Süssigkeit und Bitterkeit überhaupt nicht auf der Welt. Und dasselbe wird nun auch von den Qualitäten gelten, welche Auge und Ohr wahrnehmen. Gäbe es kein Ohr, so gäbe es keine Töne, wäre kein Auge, so wären Licht und Farben nicht. Den Dingen kann man nur eine Beschaffenheit oder eine Kraft zuschreiben, die Sinnesorgane so zu erregen, dass in dem Bewusstsein diese Empfindungen stehen." (Paulsen.)

Auf denselben Standpunkt stellt sich die Naturwissenschaft selbst, wenn sie Farben, Töne, Wärmeempfindungen auf Molekularschwingungen zurückführt. Gerade für den Materialisten, der die Atome und ihre Bewegungen für die einzigen Elemente der realen Welt hält, erweist sich die Welt der Farben und Töne als täuschender Schein. Für ihn ist unser Auge zu grob und hat gewissermassen einen zu langsamen Pulsschlag der Empfindung, weil es die schnell verlaufenden Bewegungen des unendlich Kleinen nicht als solche zu erfassen vermag. Was für ein Weltbild aber würde sich ihm nach seinem eigenen Zeugnis entrollen, wenn seine Sinne nicht unsere grobe, sondern eine die Wahrnehmung der Atome und ihrer Bewegungen ermöglichende, unendlich verfeinerte Organisation hätten? Ein ungeheures Geschwirr von jenen kleinen Teilchen, aber keine Welt der Töne und der Farben.

6. Sehen wir daher von den oben genannten „Qualitäten" der Aussendinge ab, so bleiben allein die allgemeinsten Merkmale, die Ausdehnung und die Bewegung im Raume, übrig, wie sie die Grundlage der gesamten Atomtheorie und damit der mechanischen Weltauffassung bilden. Die Frage, ob überhaupt und bis zu welchem Grade unsere subjektive Raumvorstellung der Wirklichkeit entspricht, gehört zu den schwierigsten Untersuchungen der Philosophie. Wenn wir aus diesem Grunde auf eine eingehende Behandlung dieser Frage, als nicht in den Rahmen dieses Buches gehörig, verzichten müssen, so ist doch immer als die fundamentalste Thatsache aller Erfahrung festzuhalten, dass der Raum uns zunächst nur als Vorstellung in unserem Bewusstsein gegeben ist, dass also denen, die behaupten, er sei mehr als dies oder er sei in Wirklichkeit gar genau so, wie wir ihn vorstellen, die ganze Last des Beweises zufällt. Der Materialismus ist also, insofern er in den Atomen und ihren Bewegungen die Elemente der Wirklichkeit erkennt, nichts als eine Hypothese, deren Wert nach den bekannten Grundsätzen beurteilt werden muss.

Die Schwierigkeit, den subjektiven Faktor unserer Raumvorstellung von dem realen zu sondern, beruht zum Teil und vielleicht wohl im Grunde darauf, dass jene Vorstellung ja nicht ohne Vermittelung unserer Sinne zustande kommt, welch letztere wir nun aber wieder nicht anders als im Raume befindlich und räumlich begrenzt vorstellen können.

Die Behauptung, dass es einen solchen Raum wirklich giebt, wie er uns in unserer Vorstellung gegenwärtig ist, wird durch die alltägliche Erfahrung scheinbar so gestützt, dass dagegen alle noch so scharfsinnig geführten Beweise von der ausschliesslichen Subjektivität der Raumvorstellung von vorn herein einen schweren

Stand haben. Auch die Beweise Kants, dessen Untersuchungen in der „Kritik der reinen Vernunft“ bahnbrechend gewesen sind, sind nicht einwandfrei. Und wie wenig solche Beweise überhaupt zu überzeugen vermögen, gesteht Lotze selbst zu, wenn er nach ausführlicher Darlegung der Subjektivität unserer Raumvorstellung mit den Worten schliesst: „Ich bin gewiss, durch diese ganze Darstellung doch nur den überredet zu haben, der schon überzeugt war.“ Aber andererseits ist auch der Einwand hinfällig, schon die Unmittelbarkeit des sinnlichen Eindrucks genüge, um uns von der Wirklichkeit des vorgestellten Raumes zu überzeugen, denn die Wahrnehmung der Farben und Töne erscheint dem naiven Sinn ebenso einfach und überzeugend.

Und was spricht denn gerade den genannten Qualitäten gegenüber dafür, dass die Raumvorstellung eine Ausnahme von der Regel macht, dass sie ein Abbild, nicht nur ein Zeichen des Wirklichen ist? Etwa der Umstand, dass sie durch Vermittelung zweier Sinne, des Gesichts- und des Tastsinns, zustande kommt? Aber wenn ein Zeuge lügen kann, so brauchen darum zwei noch nicht die Wahrheit zu sagen. Und ausserdem wäre ihr Zeugnis doch höchstens dann beweiskräftig, wenn es in der That übereinstimmend ausfiele. Das kann man aber nicht behaupten, denn die Raumvorstellung, wie sie der Tastsinn allein auszubilden vermag, scheint nicht identisch zu sein mit der Raumvorstellung, die wir dem Gesichtssinn allein verdanken würden. Es ist doch mindestens bedenklich, dass ein Blindgeborener, der durch Tasten quadratische und runde Scheiben unterscheiden gelernt hatte, nach der Operation, die ihn sehend machte, die Form dieser Scheiben mit dem Auge nicht erkennen konnte und erst durch Betasten dazu imstande war; ja, dass er nicht einmal zwei Linien, von denen die eine doppelt so lang als die andere war, als ungleich erkannte und erst durch Hinüberfahren mit dem Finger sich von ihrer verschiedenen Länge überzeugen musste. Freilich sind das Thatsachen, die auch anders gedeutet werden könnten, aber gerade der Umstand, dass die Raumvorstellung eben auch nur durch Vermittelung der Sinne zustande kommt, die doch sonst anerkanntermassen ihre eigene Empfindungsweise haben, — wie der Besitz zweier Augen erst die Gesichtsvorstellung des Raumes ermöglicht, lehrt die Sinnesphysiologie — macht sie uns verdächtig und lässt es mindestens sehr zweifelhaft erscheinen, dass die Wirklichkeit der räumlichen Vorstellung kongruent sei.

Da wir uns aber hier auf dem Gebiet der Hypothese befinden, so wäre gleichwohl zu erwägen, ob es denn nicht wahrscheinlicher sei, den Raum, so wie er von uns angeschaut wird, als real anzunehmen, anstatt unsere Vorstellung nur als ein Zeichen der Wirklichkeit anzusehen. Darauf antwortet Lotze: „Diese Wahrscheinlichkeit scheint man darin zu finden, dass ein Raum, der mit allen den Eigenschaften selbst ist, die unsere Anschauung ihm zuschreibt, die Entstehung dieser Anschauung viel natürlicher erscheinen lasse, als unsere künstlichere Lehre, nach welcher sie aus der Kombination ganz unähnlicher innerer Zustände unseres Bewusstseins hervorgeht. Aber diese gescholtene Kühnheit muss ja doch stattfinden, auch dann, wenn der Raum wirklich wäre, so wie man ihn wünscht. Die Bilder, welche von ihm in den unzähligen Seelen entständen, die er alle in sich einschlösse, könnten doch nicht er selbst, sondern nur Bilder von ihm sein, und als solche würden sie doch nur durch Einwirkungen entstanden sein können, die nicht in Ausdehnungen sondern nur in inneren Zuständen bestehen können, entsprechend der Natur der Wesen, auf welche sie ausgeübt werden. So muss auf alle Fälle unser Vorstellen vom Raum entstehen; wir kommen nicht wohlfeiler zu ihm, mögen wir dem von uns angeschauten Bild ein ähnliches Sein ausser uns oder ein völlig unvergleichbares unterlegen."

Was vom Raume gilt, gilt natürlich auch von der Bewegung im Raume, sofern sie eben im Raume stattfindet. Indessen steckt in dieser Vorstellung noch ein zweiter Begriff, der der Zeit, für den nicht ohne weiteres das gilt, was oben bezüglich des Raumes auseinandergesetzt ist. Denn während wir nur die Gegenstände unserer sinnlichen Wahrnehmung nicht anders als im Raume befindlich vorzustellen vermögen, erstreckt sich die Vorstellung der Zeit gleichmässig auf sinnliche Anschauungen und rein psychische Vorgänge. Indessen würde eine eingehende Darlegung hier zu weit führen.

7. Dieselbe Subjektivität, wie sie der Raumvorstellung anhaftet, kommt auch den Vorstellungen zu, die Verhältnisse und Beziehungen der Gegenstände im Raume und in der Zeit bezeichnen, wie insbesondere der Kausalität, ohne dass mit Sicherheit etwas über ihre Bedeutung in der realen Welt ausgesagt werden könnte. Darnach erscheint die Auffassung der zeitlichen Aufeinanderfolge von Erscheinungen als eines Verhältnisses von Ursache und Wirkung als eine Denkform

unseres Bewusstseins, nach der die Thatsachen der Erfahrung beurteilt und geordnet werden.

Der Kausalitätsgedanke ist nicht ein reines Erzeugnis philosophischen Scharfsinns, sondern auch der unwissenschaftlichen Meinung eigentümlich. Über seinen Ursprung gehen die Ansichten auseinander. Sicher hat die Beobachtung, dass gewisse Erscheinungen regelmässig aufeinander folgten, zu seiner Bildung beigetragen. Aber nicht, wie Hume meint, die Gewohnheit allein, bestimmte Erscheinungen beständig aufeinander folgen zu sehen, war hierzu ausreichend. „Nicht die Regelmässigkeit der Erscheinungen, die sich am besten, ja allein eignet, eine gewohnheitsmässige Verbindung herzustellen, hat den Kausalitätsinstinkt ursprünglich in Thätigkeit versetzt, sondern höchst wahrscheinlich umgekehrt das Ausserordentliche in den Begebenheiten, das Gelegentliche und Ungewöhnliche in dem Fluss der Phänomene. Ein stiller Wechsel wird als keiner empfunden, erst der Eingriff, die Unterbrechung, die ein besonderes Ereignis hervorbrachte, kann der Aufmerksamkeit einen Anstoss gegeben und das Bedürfnis des Nachforschens nach Ursachen hervorgerufen haben. Es ist belehrend, dass das früheste Denken dieses wachgewordene Bedürfnis nicht durch die Annahme konstanter Gesetze befriedigt hat, sondern durch die Erdichtung launenhafter Willkür in Gestalt machtvoller Persönlichkeiten.“ Es muss also noch ein weiterer Beweggrund zur Bildung des Kausalitätsbegriffes hinzugetreten sein, das Streben, die Folge und den Zusammenhang der Erscheinungen begreiflicher zu machen, ebenso verständlich, wie dem ungeschulten Geist die Bewegung der Gliedmassen bei den entsprechenden Willensakten erscheint. Und wenn die Wissenschaft diesen in rohen Zügen bereits vorgebildeten Begriff nicht ausgemerzt, sondern ihn von den Schlacken gesäubert und weiter verarbeitet hat, so liegt das daran, dass er eben für sie unentbehrlich ist. Ohne Annahme allgemeiner Kausalität würde die Wissenschaft auch keine allgemeinen Sätze über die in der Wahrnehmung gegebenen Erscheinungen aufstellen können, da jene Annahme die unumgängliche Voraussetzung jeder Induktion (s. I. S. 24—28) ist. Ja man kann sogar sagen, „dass erst durch dieses Prinzip aus der sinnlichen Erfahrung Wissenschaft wird und dass die Wissenschaft nur soweit reicht, als die Herrschaft dieses Prinzips“.

Derselbe Beweggrund aber, der uns überhaupt antreibt, Kausalität anzunehmen, leitet uns auch dann, wenn wir voraussetzen, dass es reale Dinge ausser uns sind, die als Ursachen die Vorstellungen unseres Bewusstseins hervorrufen. Wir nehmen einzig und allein deshalb solche Realität an, um unsere Vorstellungen und deren Wechsel und Folge begreiflich zu finden. Worauf aber gründet sich diese Berechtigung? Doch nur darauf, dass wir in uns diesen Trieb nach Erkenntnis finden, also in letzter Linie auf unseren Willen, die Natur zu begreifen.

8. Es hat den Anschein, als ob mit der Einsicht, dass unser Wissen, sofern es eben wirkliches Wissen und kein hypothetisches Fürwahrhalten ist, sich nicht über die Vorstellungen unseres eigenen Innern erheben kann, dass uns eine Erkenntnis der absoluten Wirklichkeit versagt ist, das Wissen überhaupt keinen Wert mehr habe, als ob alle Mühe und Arbeit, die seit Beginn der menschlichen Kultur auf die Erforschung der Wahrheit verwandt ist, ein unnützes Spiel der Gedanken gewesen sei. Das wäre gewiss trostlos, ein grimmer Hohn auf das Ringen und Streben des Geistes. Aber glücklicherweise ist dem nicht so; die Wissenschaft ist und bleibt, was sie war: eine geordnete Summe wirklichen Wissens. Für praktische Fragen und auch bis zu den letzten Grenzen der Theorie bleibt ihre Bedeutung völlig unberührt, nur den Anspruch muss sie aufgeben, die Wissenschaft des absolut Wirklichen zu sein.

Auch die mechanische Weltauffassung verliert nichts von ihrem Wert. Nach wie vor ist es ein berechtigtes Streben des menschlichen Geistes, alle Vorgänge der wahrgenommenen Aussenwelt auf mechanische Prozesse zurückzuführen. „Die mechanische Weltanschauung hat vorwärts und rückwärts eine unendliche Aufgabe vor sich, aber als Ganzes und ihrem Wesen nach trägt sie eine Schranke in sich, von der sie in keinem Punkte ihrer Bahn verlassen wird.“ Für jene Auffassung ist es ja überdies nebensächlich, ob man die physischen Vorgänge, so wie sie uns zum Bewusstsein kommen, nur als Zeichen oder als kongruente Bilder der Wirklichkeit betrachtet Darüber erlaubt sich die mechanische Weltauffassung, wenn sie auch aus praktischen Gründen so verfährt, als ob die zweite der obigen Möglichkeiten zutreffe, gar kein Urteil, falls sie nicht ihre Grenzen überschreitet. Dies thut aber der

Materialismus, insofern er in den Atomen, ihren Bewegungen und Kräften die Elemente sieht, aus denen die wirkliche Welt zusammengesetzt ist. In dieser Hinsicht ist der Materialismus eine nicht zu beweisende, aber auch nicht zu widerlegende Hypothese; er ist aber eine unsinnige Hypothese, wenn er behauptet, dass auch die psychischen Vorgänge nichts anderes als Molekularschwingungen seien. Denn das ist gleichbedeutend mit dem Vorhaben, durch das Geschöpf den Schöpfer erklären zu wollen.

9. Muss aber der Materialismus notgedrungen vor den psychischen Vorgängen Halt machen, so schafft er in der That — das kann uns jetzt nicht mehr wundern — zwischen den Atombewegungen auf der einen und den seelischen Erscheinungen auf der anderen Seite eine unüberbrückbare Kluft. Nimmt man dagegen an, dass auch die Atome mit ihren Bewegungen als solche nur Vorstellungen unseres Bewusstseins sind, denen freilich wie allen unseren Wahrnehmungen ein unbekanntes äusseres Sein entspricht, so steht der unbekannten Welt der wirklichen Dinge die bekannte des Bewusstseins gegenüber; die Kluft liegt dann nicht mehr innerhalb unseres Erkenntnisgebietes; sondern erst da, wo überhaupt jedes sichere Erkennen ohnehin aufhören müsste, haben wir entsagend das Ignorabimus zu sprechen. Auch steht nichts im Wege, jene beiden Welten als aus einem gemeinsamen Urquell, dem Urgrund alles Seins fliessend zu denken.

„Wenn die Frage aufgeworfen wird, wie aus Atomen und Atombewegungen Empfindung und Bewusstsein hervorgehen sollen, so ist eine Antwort auf diese Frage nicht möglich; aber nur aus dem Grunde, weil sie falsch gestellt wird. Man giebt sich seltsamer Weise den Anschein, als seien uns Atome früher gegeben und bekannter als die Empfindungen, so dass wir erst hinterher, wer weiss wie, in den Besitz der letzteren gelangt wären. Gehen wir dagegen von dem aus, was in der Erfahrung wirklich ursprünglich gegeben ist, also dem Bewusstsein der Empfindung, um zu fragen, wie wir zur Annahme von Atomen kommen, so ist die Frage erst in ihre richtige Form gebracht und mit ihrer Stellung in dieser Form beinahe schon entschieden.“ „Nur die beständige Gewohnheit des Naturforschers an Atome zu denken, lässt seinem Geist diese Reste seines eigenen, abstrahierenden Verfahrens für wirklicher erscheinen als die Empfindungen, aus denen er sie doch abgeleitet hat. Er scheint zu vergessen, dass die Existenz von Atomen bezweifelt werden kann, die der Empfindungen aber gewiss ist. Und gesetzt, die Annahme von Atomen stünde im Widerspruch mit der Thatsache der Empfindung, so müsste sie eben so lange geändert werden, bis sie mit dieser Thatsache vereinbar geworden ist. In Wahrheit aber macht nur der Glaube an die absolute Existenz von Atomen die Begreiflichkeit der Existenz von Empfindungen unmöglich. Wer die Atome für Dinge an sich hält, die Empfindungen für die Wirkungen dieser Dinge, schafft zwischen der Ursache und deren Wirkungen einen Gegensatz, der allerdings durch keine Vorstellung wieder zu vermitteln ist. Kein Wunder, wenn er dann den Zusammenhang beider für unerforschlich erklärt, wenn er denselben, statt wie es richtig wäre, für die Grenze seiner Methode, für eine Grenze des Erkennens überhaupt ausgiebt.“ (Riehl.)

Schluss.

1. Die vorstehenden Betrachtungen haben uns im Verein mit denen des ersten Teils der Propädeutik in die Vorhallen der Philosophie eingeführt, und es erscheint nunmehr wohl an der Zeit, die Philosophie selbst als Wissenschaft auf Inhalt und Umfang näher zu beleuchten und dabei zu erwägen, wodurch sie sich von den übrigen Wissenschaften unterscheidet. Im ersten Teil lernten wir die Methoden kennen, deren sich im besonderen die Naturwissenschaft bedient, um von gegebenen Kenntnissen aus neues Wissen zu gewinnen. Es bedarf wohl keines ausdrücklichen Nachweises, dass auch die übrigen Wissenschaften von diesen Methoden, wenn auch in eigenartiger Abänderung und Verbindung, zur Erweiterung und Befestigung des Wissens Gebrauch machen. Die Methoden, so lehrt uns eine geschichtliche Betrachtung, sind aber den Wissenschaften nicht als ein vollendetes, geistvoller Überlegung entsprungenes Werkzeug in die Hand gelegt worden — denn dass die Aristotelische Logik sich zur Gewinnung neuen Wissens nicht eignete, zeigt die gänzliche Unfruchtbarkeit der scholastischen Naturwissenschaft —; erst das tägliche Mühen der Forscher um die Bewältigung ihrer geistigen Aufgaben hat die Bahnen erkennen lassen, auf denen eine Steigerung des vorhandenen Wissens möglich war, und man kann geradezu sagen, dass die Methoden sich an und mit dem Gegenstande und dem Ziel der Untersuchung in steter Anpassung entwickelt haben.

Natürlich sind die einzelnen Wissenschaften in verschiedener Weise an der Ausbildung der Methoden beteiligt gewesen, wie sie sich ja auch ihrer in verschiedenem Masse bedienen. Wenn oben die Naturwissenschaft zur Grundlage der Erörterungen gewählt worden ist, so beruht dies darauf, dass gerade diese Wissenschaft sich in der Entwickelung namentlich der induktiv-experimentellen Methode als äusserst fruchtbar erwiesen hat und von den Methoden überhaupt den vielseitigsten Gebrauch macht.

Für die sachgemässe und richtige Anwendung der Methoden aber ist es von dem grössten Nutzen, an einer Centralstelle die auf den verschiedenen Gebieten gemachten Erfahrungen zu sammeln, die Verfahrungsweisen selbst zu beschreiben, zu ordnen, auf den Grad ihrer Sicherheit zu prüfen und zu erwägen, welcher innere Zusammenhang mit den allgemeinen Eigenschaften unseres Geistes besteht. Dieses Schlussergebnis aber zieht die Philosophie in der Logik, indem ihre Erkenntnislehre zugleich unsere Erkenntnis im allgemeinen nach Wesen und Ursprung einer besonderen Untersuchung unterzieht (vgl. II S. 90 ff.).

2. Der vorliegende zweite Teil zeigt ein ganz anderes Gepräge. Handelt es sich dort um die Mittel und Wege, die zum Ziel führen, so hier um das Ziel selbst. Jede einzelne Wissenschaft hat ihre besonderen Ziele und muss sie haben, wenn sie nicht verkümmern will. Ein planloses, nur auf das Einzelne und Kleinliche gerichtetes Arbeiten und Forschen würde wohl eine Menge Bausteine liefern, aber kein Gebäude, Steine, die ohne besondere Zurichtung nicht einmal zusammengefügt werden könnten. Gäben nicht leitende Ideen der Einzelforschung Richtung und Ziel, so würde die Wissenschaft bald aufhören, Wissenschaft zu sein.

„Was ist es, das gegenwärtig die Biologie in den Mittelpunkt der naturwissenschaftlichen Forschung stellt, das sie antreibt, gerade den niedersten Formen des Lebens mit mikroskopischer und oft mikrologisch scheinender Forschung nachzugehen? Offenbar die Hoffnung, auf diesem Wege dem grossen Geheimnis des Lebens und seiner Entwickelung auf Erden auf die Spur zu kommen. An den tausend Formen der Flechten und Pilze, der Moneren und Infusorien an sich würde uns schwerlich so gar viel gelegen sein. Es kann sich im engeren Kreis ein sportsmässiges Interesse an dem unendlich Kleinen ausbilden; aber davon kann eine Wissenschaft nicht auf die Dauer leben. — Oder man nehme die Astronomie; mit unermüdlichem Fleiss sammelt sie Beobachtungen, trägt die Örter von Hunderttausenden von Sternen in ihre Tafeln ein, berechnet die Bahnen von Kometen und Sternschnuppenschwärmen, entdeckt neue Planetoiden und kosmische Nebel, prüft Lichtstärke und Spektrum: wozu? Um des Einzelnen willen? Offenbar nicht, sondern weil wir hoffen, unsere Einsicht in die Konstitution und die Entwickelung des Universums überhaupt auf diesem Wege zu vertiefen. Fiele dieser Antrieb fort, hörte diese Frage auf uns zu beschäftigen, so würde das Beobachten und Rechnen auf unseren Sternwarten bald auch zum Stillstand kommen." (Paulsen.)

Jede Wissenschaft aber hat ihr beschränktes Arbeitsfeld und kann sich daher auch nur ein beschränktes Ziel stecken. Auch hier übernimmt die Philosophie die Rolle einer Centralinstanz, indem sie dafür Sorge trägt, dass die Einzelziele der Wissenschaften auf ein letztes und gemeinsames Ziel gerichtet sind, das, keiner Einzelwissenschaft erreichbar, nur von der aus der Gesamtheit der Wissenschaften schöpfenden und deren Endergebnisse weiter verwertenden Philosophie erstrebt werden kann. Und dieses Ziel, kann es ein anderes sein als die allumfassende und dabei doch einheitliche Welterkenntnis im weitesten Sinne? Wie weit die Naturwissenschaft sich in der mechanischen Auffassung der sichtbaren Natur diesem Ziele genähert hat und überhaupt nähern kann, haben die obigen Darlegungen ausführlich gezeigt. Von der anderen Seite streben die sogenannten Geisteswissenschaften demselben allgemeinen Ziele zu, insofern sie der individuellen Ungebundenheit zum Trotz die Thatsachen des geistig-geschichtlichen Lebens der Menschheit einheitlich aufzufassen bemüht sind. Da ist es klar, dass auf beiden Seiten in dem Gesamtbilde des Wissens gewisse Züge fehlen, andere einseitig hervorgehoben sind. Erst die Philosophie gleicht diese Mängel aus; sie ist also ihrer Art nach nicht von den Wissenschaften unterschieden, aber die höchste, gemeinsame Spitze aller. Diese höchste Stufe der Erkenntnis ist demnach das Ziel der Philosophie (Metaphysik), wenn man eben unter ihr „die allgemeine Wissenschaft versteht welche die durch die Einzelwissenschaften vermittelten allgemeinen Erkenntnisse zu einem widerspruchlosen System verbinden will."

3. Ob dieses hohe Ziel je erreichbar, wer weiss es? Und

wer weiss, ob es gut wäre, wenn wir es erreicht hätten, ob es gut wäre, wenn uns, solange wir so sind, wie wir sind, dieser mächtige Ansporn zum geistigen Ringen und Streben fehlte? Aber setzen wir einmal den Fall, das Ideal der Erkenntnis sei erreicht; unser Blick schweife ungehindert durch individuelle Schranken über Länder und Meere, über Sterne und Welten, er dränge in die fernsten Tiefen des Weltalls wie in die feinsten Strukturverhältnisse des Stoffes ein, nie und nirgends begrenzt in Raum und Zeit; das Weltall in seiner ganzen räumlichen und zeitlichen Anordnung, die ganze Weltgeschichte erscheine als eine endlose, vielverschlungene Kette von Ursachen und Wirkungen. Wäre mit diesem höchsten Stande unseres Wissens unser ganzes Sehnen erfüllt? Gewiss nicht; kein menschlich fühlendes Wesen würde sich mit dieser Erkenntnis zufrieden geben. Immer und immer wieder, ja um so mehr, je reicher und mannigfaltiger sich ihm das All enthüllte, würde sich ihm die Frage aufdrängen: aus welcher Fülle schöpferischer Macht entstammt dies wunderbar geordnete Spiel der Kräfte, welchen Sinn hat dies Alles, welchem Ziele strebt es zu? Nie wird man dem Geiste dauernd einreden können, das ganze Weltall in Gegenwart und Vergangenheit sei nur ein bunt zusammengewürfelter Haufe, ein sinn- und zielloses Durcheinanderschwirren materieller Teilchen, deren zufällige Gruppierungen hier ein Stäubchen, dort den Menschen selbst bilden. Der Mensch steht eben dem Weltgetriebe nicht gleichgültig gegenüber wie einem Rechenexempel, schon allein um der Auffassung des eigenen Lebens willen. Niemals wird er sich bei der Erkenntnis beruhigen, dieses eigene Leben sei auch nur ein blindes Spiel der Naturkräfte, dessen unthätige Zuschauer wir selbst sind, ein Werden und Vergehen ohne Zweck und Sinn. Gegen eine solche Auffassung empört sich das Gemüt und mit Recht.

4. Aber weshalb den Bedürfnissen des Gemütes nachgeben? Ist es nicht der denkende Verstand, der allein zu entscheiden hat, was dem Menschen frommt? Ja, wenn das Denken überhaupt eine ganz unabhängige, mit Recht den Vorrang beanspruchende Thätigkeit unseres Geistes wäre! Aber wie bei jedem geistigen Akt Verstand, Gefühl und Wille beteiligt sind, so ist es falsch,

den Geist aus drei voneinander unabhängigen Sphären zusammengesetzt zu denken. Das zeigt sich auch in der Art und Weise, wie das Wissen überhaupt zustande kommt. Das Wissen wird erst durch den auf ein bestimmtes Ziel der Erkenntnis gerichteten Willen, und dieser Wille würde in sich grundlos und ohne Halt sein, wenn nicht die Möglichkeit dieses Zieles von vorn herein vorausgesetzt würde. Wenn aber der Kausalitätsgedanke geschaffen ist, die Erscheinungswelt begreiflich zu machen, wer bürgt uns, dass die Erscheinungen wirklich begreiflich sind? Von Beweisen kann da keine Rede sein, und die Erfolge, die unter der Herrschaft dieses Gedankens errungen sind, bieten auch keine sichere Gewähr — auch die Ptolemäische Weltansicht konnte sich solcher Erfolge rühmen. Das Wissen erwächst also auf dem Boden des Glaubens an die Möglichkeit jenes Zieles, an die Begreiflichkeit der Welt.

„Die Wahrheit scheint uns wie eine lichte Gestalt auf dem Grunde der Erscheinungen ein objektives Dasein zu haben; und doch ist ihre Beglaubigung auch nur subjektiven Ursprungs. Nicht weil sie irgendwo ist, suchen wir sie, sondern weil wir sie suchen und begehren, versetzen wir sie dorthin. Ihr letztes Zeugnis ist ein Sodenkenmüssen, das nicht weiter bewiesen und entwickelt werden kann, sondern unmittelbar gefühlt wird. Ob die Formen und Gesetze unseres Denkens selbst richtig sind und zur Wahrheit leiten können, das wissen wir nicht; wir glauben es aber und ein Zweifel daran würde uns nichts helfen.“

5. Wenn demnach das höchste Ziel menschlicher Entwickelung in der harmonischen Ausbildung aller seelischen Triebe gesucht werden muss, so ist es klar, dass die Erkenntnisse des Verstandes allein nicht dem Willen als Richtschnur gesetzt werden können oder dass neben ihnen die Ziele, die der Wille sich selbst für unser eigenes Thun und Handeln steckt, vernachlässigt werden dürfen, wie auch natürlich der Wille umgekehrt nicht jene Erkenntnisse verächtlich beiseite schieben oder sie aus irgend welchem Interesse zu korrigieren sich anmassen darf. In jene Welt des Wahren, die ihm das Denken erschliesst, trägt der Wille den Begriff des Wertes hinein, des Wertes, den er an dem uns ureigenen Gefühl der moralischen Verantwortlichkeit misst. Die Idee des Guten

zeigt dem Menschen seine Bestimmung, die Vervollkommnung seiner sittlichen Persönlichkeit. Die verstandesmässige Erwägung, wie der Mensch handeln müsse, um sich diesem Ziele zu nähern — eine Erwägung, die den Gegenstand der Ethik als des praktischen Teils der Philosophie bildet —, sie würde nicht genügen, ihn im Kampf mit äusseren Hemmnissen und den eigenen Leidenschaften auf der richtigen Bahn zu erhalten. Das Streben nach diesem Ideal gewinnt erst Festigkeit und Bestand, ja überhaupt erst Sinn, wenn der Mensch sich selbst als Glied einer sittlichen Weltordnung fühlt. Ziel und Bedeutung der Welt in solchem Sinne zu erfassen, kann aber nicht Sache der Erkenntnis sein, zumal nicht der unsrigen, die wir doch nur einen recht dürftigen Ausschnitt des ganzen Weltalls und Weltverlaufes überblicken und dazu noch durch unübersteigbare Schranken von der Erkenntnis der absoluten Wirklichkeit getrennt sind.

„Wie will man denn in der Begründung der Idee des Guten noch weiter kommen als dahin, dass im Menschen ein Verlangen, eine unabweisbare innere Forderung liege, nenne man sie nun Gewissen, kategorischer Imperativ, Vernunfttrieb oder wie man will, nach einer festen Ordnung für sein geteiltes und zerfahrenes Wollen und nach einem Massstab für den Wert seiner Handlungen?“ „Die abstrakte Möglichkeit, dass unsere Denkgesetze falsch, das Gefühl eines unbedingten Sollens ein Trugbild, dass unsere Einfügung in einen höchsten Zusammenhang aller Dinge ein eitles Phantasiespiel wäre, wird sich niemals leugnen und widerlegen lassen, so wenig wir je zu einer Gewissheit darüber gelangen werden, dass nicht alle Sinneswahrnehmungen Täuschungen sind. Hier tritt ein Glaube ein, dessen wir uns nicht entschlagen können, auch wenn wir wollen. Alle menschliche Metaphysik und Ethik, so gut wie alle Religion, steht und fällt mit der Voraussetzung, dass unsere Vernunfttriebe keine Täuschungen, dass unser Verlangen nach Wahrheit, Tugend und Gottesgemeinschaft Gaben, Zeugnisse, Spuren und Unterpfänder höherer und höchster Daseinsformen sind und die Möglichkeit eines Weiterschreitens bis zu den letzten Zielen verbürgen.“ (Rümelin.)

Hier tritt also neben das Wissen mit vollem Recht der Glaube, nicht ein Aberglaube, der die Welt mit Dämonen und Geistern füllt, sondern der Glaube, wie er sich dem Gemüte im Ringen und Suchen nach jenem Ideale offenbart. Nicht „mit Hebeln und Schrauben", nicht mit Denkmethoden lässt sich der Sinn der Welt und des eigenen Lebens finden, nur im eigenen Erleben geht dem Gemüte die Bedeutung des Götheschen Wortes auf: „Alles Vergängliche ist nur ein Gleichnis". Was der Glaube dabei an objektiver Sicherheit einbüsst, das gewinnt er dafür an der Glut subjektiver Überzeugung. Und wenn die Vertreter einer rein verstandesmässigen Auffassung der Dinge auf die Erfolge der Wissenschaft pochen, so kann der Glaube an eine sittliche Weltordnung, an den endlichen Sieg des Guten mit ebensoviel Fug und Recht auf die gewaltigen Wirkungen hinweisen, die er in den Gemütern der Menschen hervorgebracht.

„Der Glaube an das Gute, an die Welt, an Gott stärkt den Mut und erhebt die Hoffnung. Man muss doch wohl sagen: es ist auf Erden nie etwas wahrhaft Gutes unternommen und durchgeführt worden ohne diesen Glauben in irgend einer Gestalt. Im Glauben sind alle Religionen gegründet, durch den Glauben haben ihre Stifter und Jünger die Welt überwunden. Im Glauben haben alle Märtyrer für eine Idee gelebt, gestritten und gelitten, im Glauben an den definitiven Sieg des Guten, für das sie ihr Leben eingesetzt haben, sind sie gestorben. Wer vermöchte für etwas zu sterben, an dessen endlichen, dauernden Erfolg er nicht glaubt? Und was bliebe von der Weltgeschichte, nachdem wir diese Dinge gestrichen? Der Unglaube umgekehrt entmutigt: es hilft ja doch nicht, darum lass es gehen, wie es mag. Was morgen sein wird, wer weiss es? Darum sagt Göthe: ‚Das eigentliche, einzige und tiefste Thema der Weltgeschichte bleibt der Konflikt des Glaubens mit dem Unglauben. Alle Epochen, in welchen der Glaube herrscht, unter welcher Gestalt er wolle, sind glänzend, herzerhebend und fruchtbar für Mitwelt und Nachwelt. Alle Epochen dagegen, in welchen der Unglaube, in welcher Form es sei, einen kümmerlichen Sieg behauptet, und wenn sie auch einen Augenblick mit einem Scheinglanz prahlen sollten, verschwinden vor der Nachwelt, weil sich niemand gern mit Erkenntnis des Unfruchtbaren abquälen mag.'" (Paulsen.)

So bleiben denn Glaube und Wissen die Grundpfeiler einer harmonischen Entwickelung des menschlichen Geistes.

Geschichtliche Übersicht.*)

Gegen 650—550 v. Chr. Die griechischen Naturphilosophen Thales, Anaximander, Anaximenes I 6, 7, 44.
460—370 Demokrit, Atomtheorie II 5, 6, 16.
460—377 Hippokrates, Pflanzenkunde I 2.
429—347 Plato, Problem der Planetenbewegung I 46.
gegen 380 Eudox, Himmelssphären I 46.
384—322 Aristoteles, Zoologische Kenntnisse I 2, „Historia animalium" I 3, Kugelgestalt der Erde I 32, „natürliche" Bewegung I 46, Ursache des Fehlschlagens der Aristotelischen Naturphilosophie I 8, 44, 68, Urzeugung II 52.
gegen 372—286 Theophrast, Naturgeschichte der Gewächse I 2.
342—270 Epikur, materialistische Weltanschauung II 6.
gegen 300 Euklid, „Elemente der Mathematik" I 57 ff.
gegen 280 Aristarch, Bewegung der Erde I 48.
287—212 Archimedes, mathem. Charakter seiner Forschungen I 12, 44, 68.
160—125 Hipparchs astronomische Entdeckungen I 47.
96—55 Lucrez, materialistische Weltanschauung II 6.
23—79 n. Chr. Plinius, „Historia naturalis" I 2.
70—147 Ptolemäus, Weltsystem, dargelegt im „Almagest", I 47, 52, 76, 77, 78, II 25.
131—200 Galenos, anatomische Kenntnisse I 4.
1509—1553 Servet entdeckt den kleinen Blutkreislauf I 4.
1543 Kopernikus (1473—1543): „Nicolai Copernici de revolutionibus orbium coelestium libri sex". Weltsystem I 52, II 25.
1537—1619 Fabricius, Venenklappen I 5.
1516—1565 Gessner, Einteilung der Pflanzen I 3.
1583 Cäsalpinus, Einteilung der Pflanzen I 3.
1588 Tycho de Brahe (1546—1601), Weltsystem I 48.
1564—1642 Galilei, Fallversuche, Fallgesetze I 14, Trägheitsgesetz I 26, Fernrohr I 19.
1596 Kepler (1571—1630): „Mysterium cosmographicum" I 54.

*) Grösstenteils nach Rosenbergers und Hellers Geschichte der Physik.

1609 Kepler, „Nova astronomia", Gesetze der Planetenbewegungen I 23, 37, 48, 52, 73, II 25, 26.
1611 De Dominis, Regenbogen I 15.
1616—1618 Harvey entdeckt den doppelten Blutkreislauf I 4, II 45.
gegen 1620 Snell entdeckt das Brechungsgesetz I 22.
1620 Bacon von Verulam (1561—1626): „Novum organon", Untersuchungen über die induktive Methode I 25.
1644 Descartes (Cartesius) (1596—1650): „Principia philosophiae" II 83, 91, 92, Erklärung des Regenbogens I 15.
1647 Gassendi (1592—1655) erneuert den Demokritschen Materialismus II 6, Lichttheorie I 48.
1650—1663 Guerickes Luftpumpenversuche I 55.
1657 Huygens (1629—1695), Pendeluhr I 20.
1661 Boyle (1627—1691), Atomtheorie II 6, 16.
1627—1680 Swammerdam, Verwandlung der Frösche I 5.
1673 Malpighi, Entwickelung der Küchlein aus dem Ei I 5.
1632—1723 Leeuwenhoek, bedeutender Mikroskopiker I 19.
1665 Cassini entdeckt die Rotation des Mars I 19.
1666—1676 Newtons (1643—1727) optische Untersuchungen I 12 ff, 48.
1676 Mariotte (1620—1684) „Essai sur la nature de l'air", Abhängigkeit des Gasvolumens vom Druck I 23, 66.
1687 Newton: „Philosophiae naturalis principia mathematica" I 62 ff., 69, Gravitation I 37, 40—43, 72, 73, 75, 77, II 16, 17, 25, 26, 78.
1690 Huygens: „Traité de la lumière", Wellentheorie des Lichts I 44, 49.
1694 Tournefort, Pflanzensystem I 3.
1697 Stahl, Phlogistontheorie I 44, 53, 55, 56.
1707—1778 Linné, Pflanzensystem (Beginn der Reform 1731) I 3, Konstanz der Arten II 56.
1742—1786 Scheele, Rolle des Sauerstoffs bei der Verbrennung I 55.
1755 Kant (1724—1804): „Allgemeine Naturgeschichte und Theorie des Himmels" II 26—32, 35. 1781 „Kritik der reinen Vernunft" I 27, II 98.
1759 Boscovich, ausdehnungslose Atome II 24.
1768—1779 Priestleys (1733—1804) Untersuchungen der Luftarten I 5, 55.
1774 Lavoisier (1743—1794), Verbrennungstheorie I 53, 55.
1779 Ingenhouss, Atmung der Pflanzen I 6.
1784 Atwood, Fallmaschine I 15.
1785 Hutton (1726—1797): „Theory of the Earth" II 33.
1786 Werner (1749—1817), Klassifikation und Beschreibung der Gebirgsarten II 33.
1788 Lagrange (1736—1813): „Mécanique analytique" I 64, 69.
gegen 1790 Galvani (1737—1798) entdeckt die Berührungselektricität I 55.
1792—94 Richter (1762—1807), „Anfangsgründe der Stöchiometrie" I 37.

1794 Beginn des Streites zwischen Galvani und Volta (1745—1827) I 55.

1796 Laplace (1749—1827): „Exposition du système du monde" II 28—32, 39.

1801 Young (1773—1829): „On the theory of light and colours", Wellentheorie I 49.

1802 Gay-Lussac (1778—1850) legt das nach ihm benannte Gesetz dar I 23, 66.

1802—1808 Daltons (1766—1844) Untersuchungen über das Gesetz der multiplen Proportionen I 38.

1809 Lamarck (1744—1829): „Philosophie zoologique" II 61.

1810—1816 Berzelius (1779—1848) Untersuchungen über die Verbindungsverhältnisse der Elemente I 37.

1811 Avogadro (1776—1856), Hypothese I 38.

1812 Cuvier (1769—1832): „Recherches sur les ossemens fossiles", 1817 „Le règne animal". Paläontologie I 36, Katastrophenlehre II 33, 56, Systematische Einteilung des Tierreichs II 56.

1814—15 Fraunhofer entdeckt die dunkeln Linien im Sonnenspektrum I 33 ff., 76.

1815—1826 Fresnel (1788—1827), Untersuchung auf dem Gebiet der Optik (Polarisationserscheinungen) I 45, 50.

1815—16 Prout, Hypothese über die Zusammensetzung der Elemente I 51.

1817 Bohnenberger, Apparat I 16.

1822 Ampère (1775—1836), elektromagnetische Theorie I 44, 51, II 11.

1828 Geoffroy St. Hilaire (1772—1844): „Sur le principe de l'unité de composition organique" II 61.

1828 Wöhler (1800—1882), Untersuchungen über den Harnstoff II 37.

1830—33 Lyell (1797—1875): „Principles of Geology" II 33, 34.

1831 Faraday (1791—1867), Beginn der Untersuchungen auf dem Gebiet des Magnetismus und der Elektricität I 16, II 19.

1832—34 Neumann (1798—1895), Experimentaluntersuchung der Polarisationserscheinungen I 45.

1832 Hamilton sagt die konische Refraktion voraus, Lloyd weist sie nach II 12.

1835 Poisson (1781—1840): „Théorie math. de la chaleur" II 11.

1837—44 Johannes Müller (1801—1858): „Handbuch der Physiologie des Menschen". Gesetz der spez. Sinnesenergieen II 94.

1837 Schwann, Versuche über Urzeugung II 52.

1842 Robert Mayer (1814—1878), Gesetz von der Erhaltung der Energie I 29.

1843 Plateau, Oelkugelversuch I 16, II 31.

1846 Leverrier und Galle, Entdeckung des Neptun I 74.

1847 Helmholtz (1821—1894): „Ueber die Erhaltung der Kraft", 1856—66 „Handbuch der physiol. Optik", 1862 „Lehre von den Tonempfindungen". Physiologie des Auges I 17, Wellentheorie I 50, Ziel der Naturwissenschaft II 2, Atome II 23, Weltbildungslehre II 29, 30, 31, Meteorite als Träger von Keimen II 53, Sinnesphysiologie II 92, 93, 94, 95.

1850 Foucault (1819—1868), Lichtgeschwindigkeit I 45, 48.

1850 Clausius (1822—1888), Abhängigkeit des Schmelzpunktes vom Druck I 74.

1853 Fessel, Rotationsmaschinchen I 16.

1859 Kolbe (1818—1884) sagt organische Verbindungen voraus I 73.

1859 Darwin (1809—1882): „On the origin of species by means of natural selection“; 1868 „The variation of animals and plants under domestication“; 1871 „The descent of man and selection in relation to sex.“ II 51, 56, 62 ff.

1859—60 Kirchhoff (1824—1887) und Bunsen (1811—1898), Spektralanalyse I 33 ff.

1860—68 Maxwell (1831—1879), Untersuchungen über Molekulartheorie II 12; 1865 elektromagnetische Theorie des Lichts I 52, II 13.

1862 Pasteur (1822—1895), Versuche über Urzeugung II 52.

1864 L. Meyer, periodische Ordnung der Elemente I 51.

1869 Mendelejeff, Aufstellung eines „natürlichen Systems der Elemente“ I 51, 73.

1892 Hertz (1857—1894): „Untersuchungen über die Ausbreitung der elektrischen Kraft“ I 55, II 19.

1895 Röntgen (geb. 1845), Entdeckung der Röntgenstrahlen I 77.

Neuere, in der Propädeutik erwähnte oder citierte Forscher:

Physik: Thomson, II 23, 53; Tyndall I 16, II 85,86.

Chemie: Ostwald, I 38, II 21, 22.

Physiologie: Du Bois-Reymond II 1, 16, 84,85; Preyer II 2, 17; Huxley II 37, 39, 44.

Zoologie: Claus II 58; V. Graber II 41.

Botanik: Kerner v. Marilaun II 40; Bonnier II 79.

Philosophie: Fechner, II 14, 17, 24; Mill I 25; Lotze II 98, 99; Lange II 5, 23, 101; Wundt II 94; Riehl II 94, 100, 102, 103; Jodl II 83, 84; Paulsen II 17, 20, 21, 24, 87, 96, 105, 106, 110.

Inhalt.

Litteratur,

ausser der im ersten Teil bereits angegebenen.

Kant, Kritik der reinen Vernunft. Leipzig, Reclam.

Lotze, System der Philosophie I. Logik, Leipzig 1874, II. Metaphysik, Leipzig 1879.

Lotze, Mikrokosmus, Ideen zur Naturgeschichte und Geschichte der Menschheit. 3 Bde. Leipzig 1888.

Riehl, Der philos. Kriticismus und seine Bedeutung für die positive Wissenschaft. Leipzig I 1876 II 1879.

Baumann, Philosophie als Orientierung über die Welt. Leipzig 1872.

Wundt, Grundzüge der physiol. Psychologie. 2. A. Leipzig 1880.

Liebmann, Zur Analysis der Wirklichkeit. 2. A. Strassburg 1880.

Lotze, Medicinische Psychologie. Leipzig 1852.

Jodl, Lehrbuch der Psychologie. Stuttgart 1896.

Paulsen, System der Ethik. 2. A. Berlin 1891.

Dreyer, Studien zu Methodenlehre u. Erkenntniskritik. Leipzig 1895.

Fechner, Physikalische und philosophische Atomenlehre. 2. A. Leipzig 1864.

Hertz, Ueber die Beziehungen zwischen Licht und Elektricität. Bonn 1889.

Clausius, Die mechanische Wärmetheorie, 3 Band. Braunschweig 1889.

Winkelmann, Handbuch der Physik. Breslau 1891—96.

Ostwald, Die Energie und ihre Wandlungen. Leipzig 1888.

Kant, Allgemeine Naturgeschichte und Theorie des Himmels, herausgeg. v. Kehrbach. Leipzig, Reclam.

Laplace, Exposition du système du monde. V. Ed. Paris 1824. 2 vol.

Budde, Zur Kosmologie der Gegenwart. Bonn 1872.

Neumayr, Erdgeschichte. 2 Bde. Leipzig u. Wien 1890.

Credner, Elemente der Geologie. Leipzig 1878.

Zittel, Geschichte der Geologie und Paläontologie. München und Leipzig 1899.

Kerner v. Marilaun, Pflanzenleben. 2. Bde. Leipzig 1888.

V. Graber, Die Insekten. 3 Bde. München 1877—79.

Huxley, Ueber unsere Kenntnis von den Ursachen der Erscheinungen in der organischen Natur, bearb. von Fr. Braem. Braunschweig 1896.

Darwin, Die Entstehung der Arten durch natürliche Zuchtwahl, deutsch v. G. Gärtner. Halle, Hendel.
Darwin, Die Abstammung des Menschen und die geschlechtliche Zuchtwahl, deutsch v. G. Gärtner. Halle, Hendel.
Darwin, Das Variieren der Tiere und Pflanzen im Zustande der Domestikation. Uebers v. V. Carus. Stuttgart 1899.
Claus, Grundzüge der Zoologie. 4. A. 2 Bde. Marburg 1880.
Wigand, Der Darwinismus und die Naturforschung Newtons und Cuviers. 3 Bde. Braunschweig 1874—76.
Nägeli, Entstehung und Begriff der naturhistorischen Art. München 1865.
Kölliker, Ueber die Darwinsche Schöpfungstheorie. Leipzig 1864.
Weismann, Ueber die Berechtigung der Darwinschen Theorie. Leipzig 1868.
Huber, Zur Kritik moderner Schöpfungslehren. München 1875.
E. v. Hartmann, Wahrheit und Irrtum im Darwinismus. Berlin 1875.
Braun, Über die Bedeutung der Entwickelung in der Naturgeschichte. Berlin 1872.
Häckel, Die heutige Entwickelungslehre im Verhältnis zur Gesamtwissenschaft. Stuttgart 1877.
Häckel, Über unsere gegenwärtige Kenntnis vom Ursprung des Menschen. Bonn 1898.
Häckel, Natürliche Schöpfungsgeschichte. Berlin 1879.
Haacke, Schöpfung der Tierwelt. Leipzig 1893.
Haacke, Die Schöpfung des Menschen und seiner Ideale. Leipzig 1895.
Haacke, Grundriss der Entwickelungsmechanik. Leipzig 1897.
Tyndall, Fragmente aus den Naturwissenschaften, 2. A. 2 Bde. Braunschweig 1898/99.
Rümelin, Reden und Aufsätze. Tübingen 1881.

FSC
www.fsc.org
MIX
Papier | Fördert
gute Waldnutzung
FSC® C083411

Kolibri 360 GmbH
Ferdinand-Jühlke-Straße 7
99095 Erfurt, Deutschland
produktsicherheit@kolibri360.de